校企合作美发与形象设计专业教材

互联网＋教育改革新理念教材

洗护发技术

杜彩霞　高莉莉　主　编

熊高峰　副主编

电子科技大学出版社
University of Electronic Science and Technology of China Press
·成都·

图书在版编目（CIP）数据

洗护发技术 / 杜彩霞，高莉莉主编. — 成都 : 电子科技大学出版社，2020.9（2023.6重印）
ISBN 978-7-5647-8099-9

Ⅰ. ①洗… Ⅱ. ①杜… ②高… Ⅲ. ①头发一护理
Ⅳ. ①TS974.22

中国版本图书馆CIP数据核字（2020）第128251号

内容提要

本书系统而全面地介绍了与洗护发技术相关的基础知识与实践技能，全书共有三个项目：项目一为洗发，包括剪吹洗发、烫发洗发、染发洗发、美发按摩洗发四个任务；项目二为头发护理，包括头发基础护理和头发深层护理两个任务；项目三为头皮护理，包括健康头皮护理、头皮去屑护理、脱发头皮护理三个任务。

本书既可作为职业院校或技工学校美发与形象设计专业的教材，也可作为美发行业从业者的岗位培训用书，还可作为业余美发爱好者的参考读物。

洗护发技术
XIHUFA JISHU
杜彩霞　高莉莉　主编

策划编辑　陈松明　万晓桐
责任编辑　万晓桐

出版发行　电子科技大学出版社
　　　　　成都市一环路东一段159号电子信息产业大厦九楼　邮编 610051
主　　页　www.uestcp.com.cn
服务电话　028-83203399
邮购电话　028-83201495

印　　刷　北京京华铭诚工贸有限公司
成品尺寸　210 mm×285 mm
印　　张　8.75
字　　数　208千字
版　　次　2020年9月第1版
印　　次　2023年6月第3次印刷
书　　号　ISBN 978-7-5647-8099-9
定　　价　49.80元

PREFACE

前言

随着经济的快速发展和物质生活的日益丰富，人们越来越注重对美的追求。美发作为一个创造美的行业，已逐渐成为人们生活中不可或缺的部分。

近年来，我国美发行业蒸蒸日上，各类美发店如雨后春笋般出现，美发服务项目不断丰富，顾客对服务质量的要求也越来越高，这就对美发行业从业者提出了更高的要求。洗护发作为各种美发服务的基础，是美发行业从业者必须首先掌握的一门专业技术。一名专业的洗护师不仅应具备扎实的理论知识，还应具备较高的技术水平。为了培养这类高素质专业人才，我们精心编写了本书。

本书主要包括以下几个特色。

1. 校企合作，紧贴岗位

本书在编写过程中，与东方唯尔美业连锁集团进行了深度合作，通过与著名美发师一起研究讨论，全面梳理了洗护师的工作内容，在遵循“理论够用，实用为主”的原则上，简化理论知识，紧贴岗位要求，注重内容的实用性。例如，在介绍洗发时，根据顾客选择服务项目的不同，将洗发分为剪吹洗发、烫发洗发、染发洗发、美发按摩洗发四种，并详细介绍了每种洗发的操作要点。

东方唯尔美业连锁集团简介

2. 全新理念，全新形式

本书注重“以学生为中心”的编写理念，强调以能力为本位的学习理念，采用项目任务式编写形式。每个项目包含若干个任务，每个任务按照“情景引入→相关知识→任务实施→任务评价”的形式展开。其中，“情景引入”通过生动的生活案例引出不同顾客的典型洗护发需求；“相关知识”言简意赅地介绍了本任务涉及的理论知识；“任务实施”详细介绍了洗护发的操作步骤，帮助学生掌握洗护发的操作方法与技巧；“任务评价”可帮助学生根据老师的评价和指导，记录自己的实操表现及所出现问题的解决方法，便于巩固练习。

3. 立体教学，平台支撑

本教材配有丰富的教学资源（如教学课件、微课视频等），读者可以登录文旌综合教育平台“文旌课堂”（www.wenjingketang.com）下载。读者在学习过程中有任何疑问，都可登录该网站寻求帮助。

4. 实操演练，情景模拟

本书任务实施采用一步一图的形式，详细介绍了洗发、护发、头皮护理的操作步骤，且操作步骤衔接紧密、简单易懂。任务实施完成后设有“课堂小剧场”，根据情景引入中的生活案例进行对话模拟，帮助学生掌握服务全流程中与顾客的沟通技巧和话术礼仪。

5. 体例活泼，助力学习

本书设有“温馨小贴士”“技能小技巧”“礼仪与话术”“经验传承”等体例。其中，“温馨小贴士”可以提示学生洗护发的注意事项，并了解引申知识；“技能小技巧”帮助学生熟悉关键技能与操作技巧；“礼仪与话术”引导学生将服务礼仪贯穿到任务实施的各个细节；“经验传承”启发学生将成熟的经验应用到服务实践中。这些体例活泼有趣，能够帮助学生高效学习、快乐学习。

6. 版式精美，全彩印刷

本书版式精美，图片高清，并采用全彩印刷。全新设计的活泼版式，可以生动地展示洗护发的每个细节，达到清晰明了、赏心悦目的效果，给学生带来轻松、愉悦的阅读与学习体验。

在编写过程中，编者参阅了大量同行专家的有关著作，并从网络中获取了部分最新资料和精美图片，在此向这些材料的作者表示衷心的感谢！

为学习贯彻党的二十大精神，提升课程铸魂育人效果，本书专门在扉页“教·学资源”二维码中设计了相应栏目，以引导学生践行社会主义核心价值观，涵养学生奋斗精神、敬业精神、奉献精神、创新精神、工匠精神、法制精神、绿色环保意识等。

本书由杜彩霞、高莉莉担任主编，熊高峰担任副主编。由于编者精力和水平有限，书中难免有欠缺和不妥之处，敬请广大读者批评指正。

目录
CONTENTS

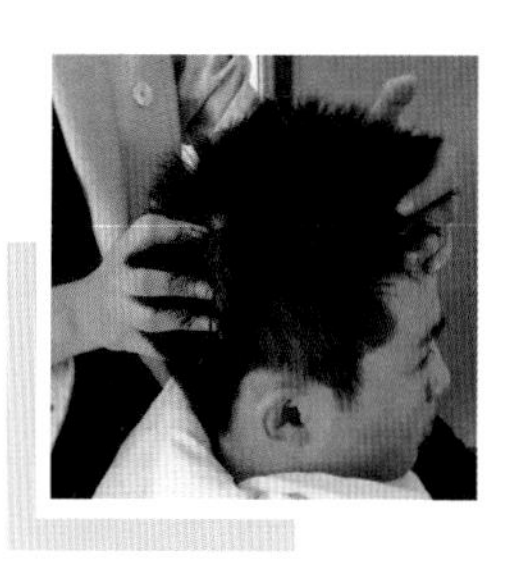

项目三　头皮护理

项目一
洗　发

任务一　剪吹洗发

任务二　烫发洗发

任务三　染发洗发

任务四　美发按摩洗发

项目导读

洗发是美发工作中的重要项目，是其他美发服务的基础。因此，洗发是美发从业者必须掌握的一门专业技术。洗发看似简单，其实包含很多专业知识和技能。正确的洗发操作对保持头发和头皮的健康至关重要。本项目根据教学标准要求和生活实际情况，设置了剪吹洗发、烫发洗发、染发洗发、美发按摩洗发四个任务，要求学生掌握洗发的专业知识和操作技能。

知识目标

1. 熟悉头发的基础知识。
2. 熟悉洗发的基础知识。
3. 了解剪吹洗发的特点。
4. 了解烫发对头发的影响及烫发洗发的特点。
5. 了解染发对头发的影响及染发洗发的特点。
6. 熟悉美发按摩的作用、常用穴位与手法，以及注意事项。

技能目标

1. 能根据顾客发质选择相应的洗护发产品。
2. 能按照规范程序完成剪吹洗发过程。
3. 能按照规范程序完成烫发洗发过程。
4. 能按照规范程序完成染发洗发过程。
5. 能按照规范程序进行头部、肩颈部按摩，并完成美发按摩洗发过程。

工作流程

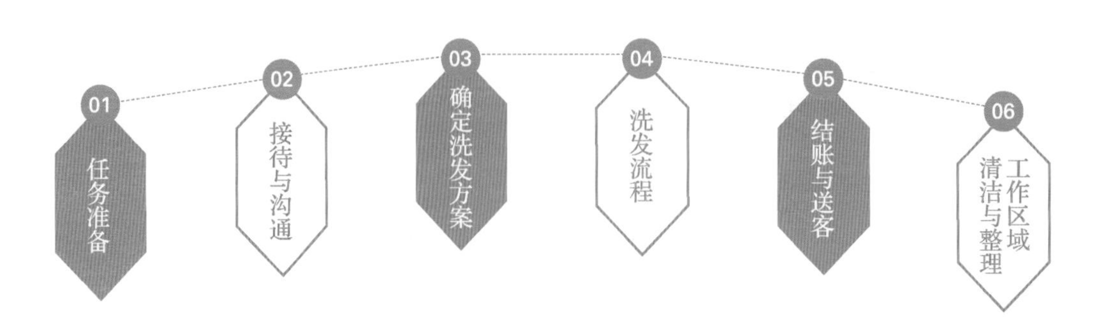

任务一 剪吹洗发

情景引入

周末，天气很好，气温宜人，周女士决定去外面公园里走走。出门前，她看了一眼镜子里的自己，发现头发长了很多，刘海和发尾都需要修剪，而且头发也该洗了。在去公园的路上，她看到路边有一家新开的美发店，便走进店里，打算先洗洗头发，再把刘海和发尾修剪一下。

相关知识

一、头发基础知识

1. 头发的结构

头发是头部皮肤的一种附属物，它由毛根和毛干两部分组成，毛根埋在皮肤内部，毛干露在皮肤外部。

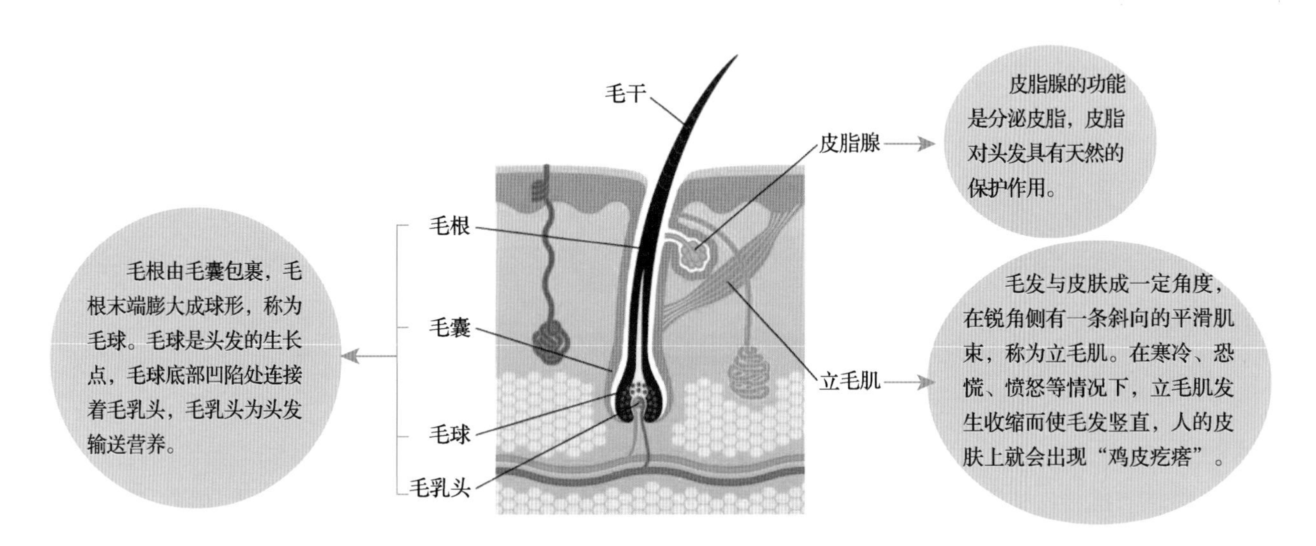

毛干呈圆柱状或扁柱状，主要成分为角质蛋白。从毛干的横截面来看，它由表皮层、皮质层和髓质层三层组成。

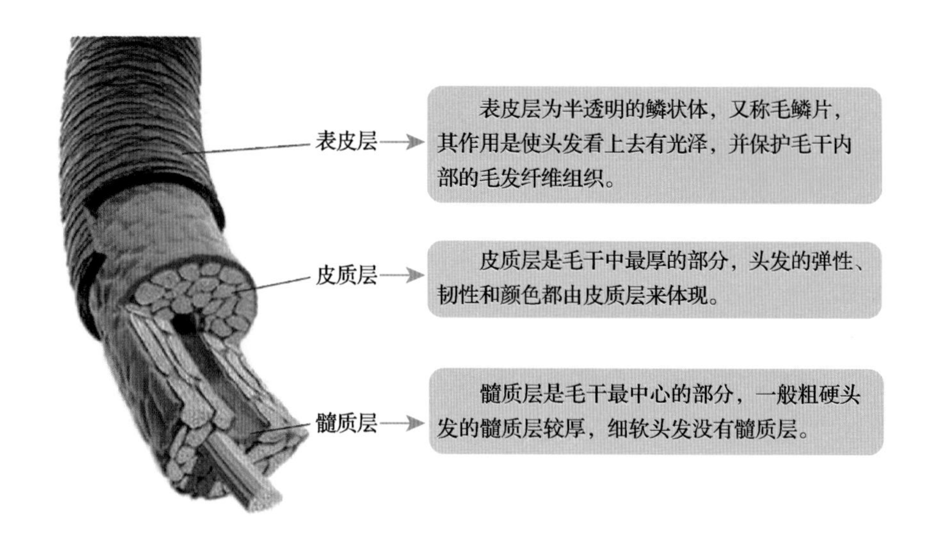

2. 头发的物理性质

头发的物理性质主要包括头发的形状、弹性、张力及多孔性等。

头发的形状：分为直发、波浪卷发、天然卷发三种。直发的横截面是圆形，波浪卷发的横截面是椭圆形，天然卷发的横截面是扁形。

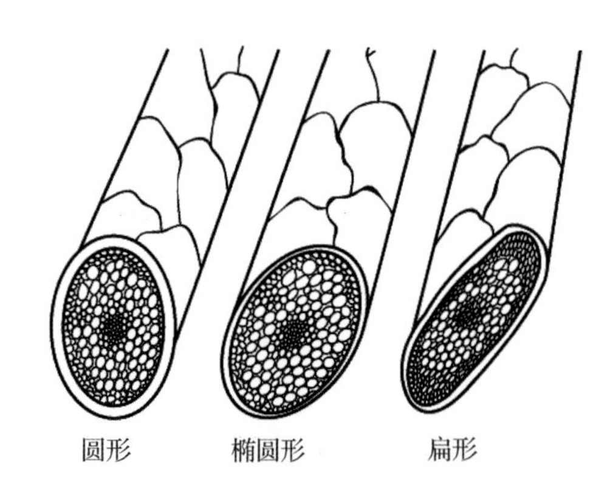

头发的弹性：是指头发拉伸后仍能恢复其原状的最大拉伸程度，通常一根头发可拉长40%～60%，该拉伸程度取决于头发的皮质层。

头发的张力：是指将头发拉伸到最大长度且不发生断裂的拉力，通常一根健康的头发可承受100～150 g的重量。

头发的多孔性：是根据头发能够吸收水分的多少来定义的，正常头发中含水量约为10%。染发、烫发均与头发的多孔性相关。

3. 头发的作用

头发作为生长在人体头部的毛发，除了可增加人的美感外，还具有保护头部、隔离紫外线、保温散热等作用。

头发的作用

浓密靓丽的头发可以提升人的气质和魅力，使人更加自信。

保护头部，避免和缓冲外部撞击等机械性损伤。

阻止或减轻紫外线对头皮及深层组织的伤害。

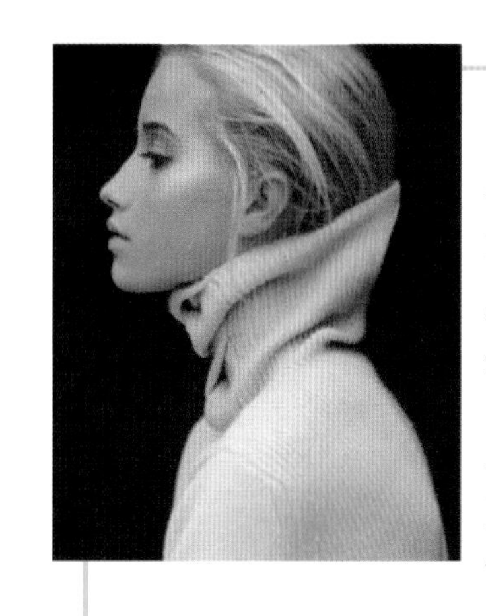

帮助头部抵御寒冷，为皮脂腺和汗腺的分泌物提供出路，起到冬季保暖和夏季散热的作用。

4．头发的生长规律

头发从新生到自然脱落的过程称为头发的生长周期，包括生长期、退行期和休止期三个阶段。

生长期：该阶段中，头发以大约每月1 cm的速度生长。生长期为2～6年。处于生长期的头发占全部头发的85%～90%。

退行期：该阶段中，头发生长速度缓慢或停止生长。退行期为2～3周。处于退行期的头发约占全部头发的1%。

休止期：该阶段中，毛母细胞完全停止分裂，毛乳头退出毛球，头发开始自然脱落。休止期约为3个月。处于休止期的头发占全部头发的9%～14%。

正常情况下，头发的新生和脱落保持动态平衡，所以头发的总量没有太大的变化。

不同发质的洗头方法

5．发质的分类与分析

1）发质的分类

发质是由头部皮肤所产生的皮脂量决定的，了解发质是正确进行头发洗护的第一步。常见的发质主要有中性发质、干性发质、油性发质、混合性发质和受损发质。

中性发质

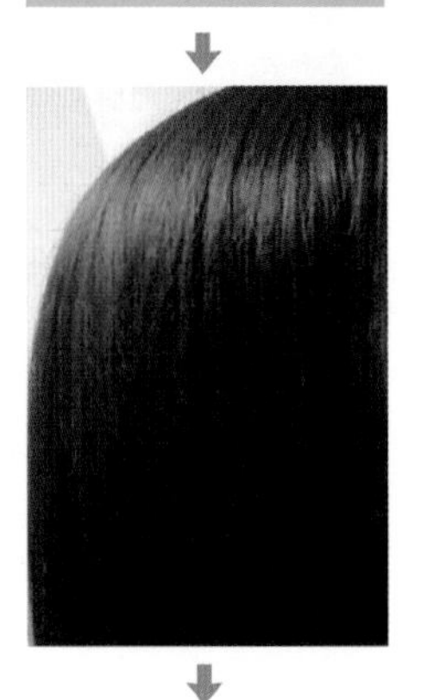

头发根部皮脂腺分泌的油分和水分适中，头发既不油腻也不干燥，柔软顺滑、有光泽。

干性发质

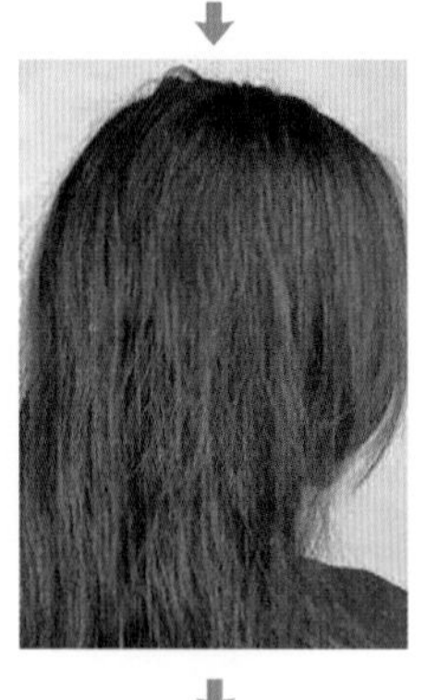

头发根部皮脂腺分泌的油分和水分过少，头发干枯无光泽，容易打结、分叉和折断。

油性发质

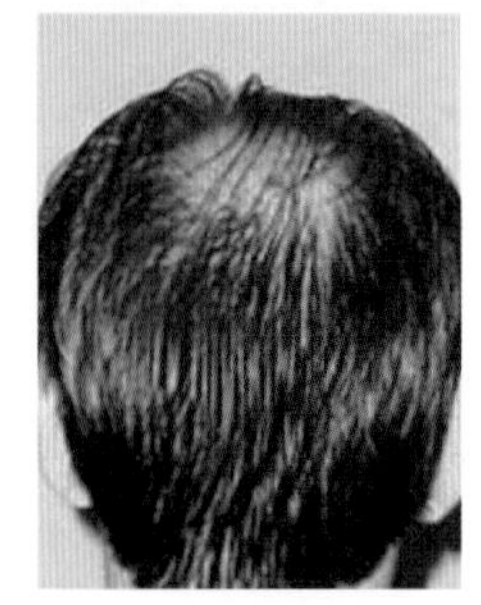

头发根部皮脂腺分泌的油分和水分过多，头发油腻发光，洗后不久发丝便会变油。

混合性发质

受体内激素水平不稳定的影响，头发根部比较油腻，而头发尾部干枯分叉，多见于行经期的女性和青春期的少年。

受损发质

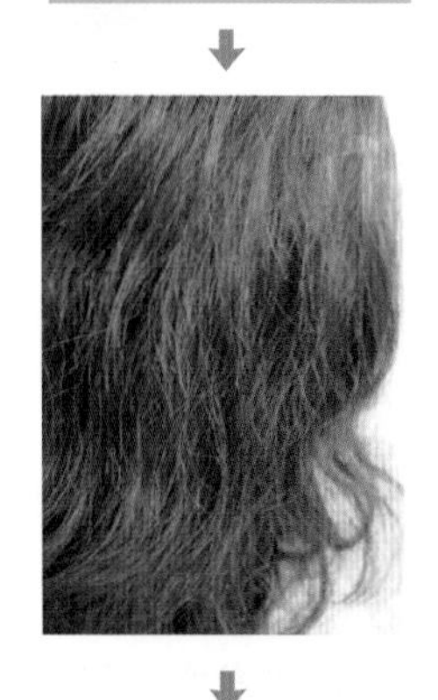

由于受到烫染、过度日晒、长时间高温吹梳等因素影响，毛鳞片张开，头发表现出毛糙、枯黄、分叉等现象。

油性发质如何改善

2）发质的分析

洗护师主要通过看、摸、询问和仪器检测等方法进行发质分析。

看

通过眼睛观察，判断顾客头发的状况，通常中性发质柔顺、亮泽，干性发质蓬松、无油脂，油性发质油脂与头屑较多。

摸

通过用手触摸，判断顾客的发质，通常健康发质手感柔软、顺滑、有弹性，受损发质手感粗糙、干枯。

询问

通过沟通交流，了解顾客的洗发频率、烫染经历、头发与头皮的状况等。

仪器检测

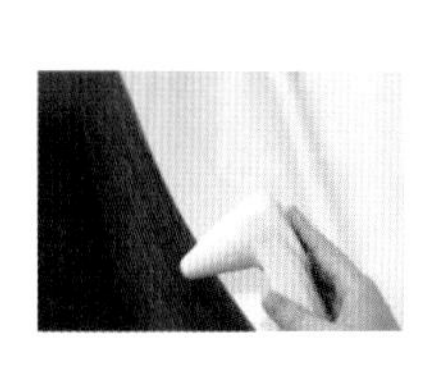

使用专业的检测仪器进行发质检测，确保分析结果更加科学、准确。

二、洗发基础知识

1. 洗发的作用

如何正确洗头

洗发的作用主要包括清洁头发、消除疲劳、便于造型等。通过清洗黏附在头皮和头发上的灰尘、油脂、护发品及矿物粒子等，可有效抑制头屑生成和头皮瘙痒，保持头皮和头发清洁健康，为其他美发项目打下基础。

2. 洗发的原理

洗发一般包括使用洗发水和使用护发素两个环节，所以一般也称洗护发。其中，洗发水中的表面活性剂等成分可使污垢与头发和头皮分离，同时洗发水粒子以附着膜的形式残留在头发表面，防止被分离的污垢再度附着在头发上；护发素可中和残留的洗发水粒子，使头发表面附着均匀的弱酸性薄膜，令头发保持顺滑、光亮、柔韧。

3. 洗发的质量要求

（1）发际线内泡沫丰富，使头发得到充分浸润。

（2）搓洗手法灵活，并注意顾客的感受，不能使头部产生大幅度的摇动。

（3）头发冲洗干净，无泡沫残留；擦干梳通后，头发滑润。

（4）毛巾包头平整，松紧适当，不散落。

（5）头发吹干后，蓬松飘逸，光滑柔顺。

4．洗护发产品的选用

洗护师应选择能使头发和头皮的酸碱度保持在4.5～5.5的洗护发产品。常见的洗护发产品有洗发水、护发素、二合一洗发水等。

洗发水：主要成分是表面活性剂，对头发起到清洁的作用。

护发素：包含头发护理成分，对头发起到营养滋润、修复与保护的作用。

二合一洗发水：把洗发与护发成分合二为一的洗发水。

温馨小贴士

物质的酸碱度又称pH值，其数值范围为0～14，当数值小于7时表示物质为酸性，当数值等于7时表示物质为中性，当数值大于7时表示物质为碱性。

洗护发产品中的碱性物质会使头发膨胀，酸性物质过多也会破坏头发。因此，应根据顾客发质选择洗护发产品。

中性发质：选用含有简单护理成分的中性或弱酸性洗发水。

干性发质：选用含有护理成分的弱酸性洗发水，并配合使用护发素。

油性发质：选用单纯清洁的弱碱性洗发水。

混合性发质：先清洁，后护理。可先按照油性发质选用弱碱性洗发水进行清洁，再使用护发素进行护理，并避免护发素接触头皮。

温馨小贴士

可使用pH试纸或测试仪器判断洗发水的酸碱性。不建议使用二合一洗发水，因为这种洗发水不能充分发挥清洁与护理的作用，没有单独使用洗发水与护发素效果好。

受损发质：选用含有神经酰胺的中性或弱酸性洗发水，并配合使用含有营养成分的护发素。

经验传承

洗发时，除了有针对性地选择洗护发产品外，合适的水质和水温也十分重要。水质主要分为硬水和软水两种。硬水中含有大量的化合物和可溶性矿物质，使洗发水不易起泡；软水所含的矿物质较少，使洗发水容易起泡，适用于洗发。水温以38℃～42℃为宜，水温太高会使头发受损。

三、剪吹洗发的特点

剪吹洗发是美发工作中最常见的服务项目，其特点是需要在剪发前后分别进行洗发。这种洗发流程的作用包括以下几个方面。

（1）剪发前洗发可以清除污垢，令发丝分散，使发根和发尾呈现自然状态，有利于裁剪和造型。

（2）湿发容易梳理和控制，剪后不毛糙，保证剪吹造型的效果。

（3）剪发后洗发可以将剪落在皮肤上的头发冲洗干净，防止其粘到衣服上，引起不舒适的感觉。

任务实施

一、任务准备

1. 环境准备

工作区域环境优雅，干净整洁，空气流通，温度适宜，音乐轻缓，光线柔和不刺眼。仪器设备完好，取水与排水管路畅通，冷热混合软化水的水压稳定。工具用品齐全，摆放有序，方便取用。

2. 个人准备

洗护师的个人卫生仪表符合工作要求，穿着整洁大方，发型干净利落。洗护师必须具有强烈的形象意识，从基本做起，塑造良好的形象。

温馨小贴士

洗护师的形象要求

（1）工作服：要求整洁、大方、得体，应勤洗并熨烫平整。

（2）鞋子：应穿胶底鞋，避免走路时发出响声，定期更换防臭鞋垫。

（3）身体：勤洗澡，必要时使用除臭剂和除汗剂，不应使用有刺激性气味的香水和化妆水。

（4）口腔卫生：勤刷牙，工作期间用餐时不吃有刺激性气味的食物，如大蒜、洋葱等，饭后要漱口。

（5）头发：勤洗头发，保持头发清洁、发型精神，给人以清爽的感觉。

（6）手与指甲：始终保持手和指甲的清洁，勤剪指甲且指甲要磨钝，不可涂颜色艳丽的指甲油。

3．工具用品准备

为了避免交叉感染，客袍、围布、毛巾等物品使用后必须进行洗涤、杀菌、消毒，不能将未经消毒的物品给顾客重复使用。开始洗发前应准备好常用的洗护发工具用品。

示例

客袍

保护顾客衣服。

示例

围布

具有防水作用，并保护顾客衣领。

示例

毛巾

保护顾客衣领，包裹头发、擦去头发上的水分。

示例

气垫梳

梳通头发，促进头部血液循环。

示例

洗发水

去除头发与头皮上的污垢、油脂等。

示例

护发素

保持头发健康、顺滑。

二、接待与沟通

1. 接待顾客

(1) 细心接待，引领顾客进店。

礼仪与话术

您好，欢迎光临！（迎接顾客时，应面带微笑，目光温和；站姿优美，步态优雅；手势指向明确，语言表述清晰。）

温馨小贴士

简单的“欢迎光临”会在顾客潜意识中留下较好的印象，清澈爽朗的声音能够使人愉悦，因此说“欢迎光临”时要求尾音上扬。

(2) 为顾客存储随身物品和衣服，告知其具体件数及存放位置，并将钥匙交到顾客手中。

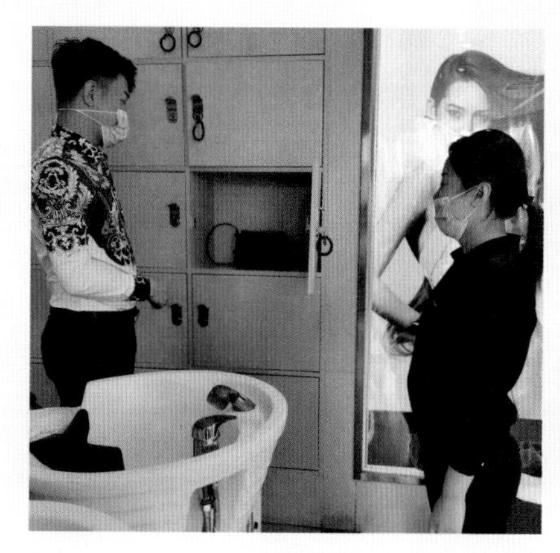

温馨小贴士

收放物品时，应轻拿轻放，小心保护。

2．确定洗发方案

(1) 将顾客引领到休息椅坐好，询问服务需求。

礼仪与话术

请问您今天需要什么服务？

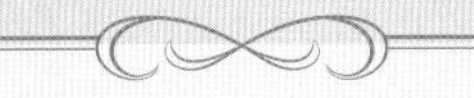

(2) 了解顾客的洗发习惯和常用洗护发产品，并询问顾客是否对某些产品或某种成分过敏。

温馨小贴士

若顾客有过敏史，则需要特别注意，避免使用含有过敏成分的产品。

(3) 交谈中，注意观察顾客的发质情况，必要时可借助仪器对发质进行检测。

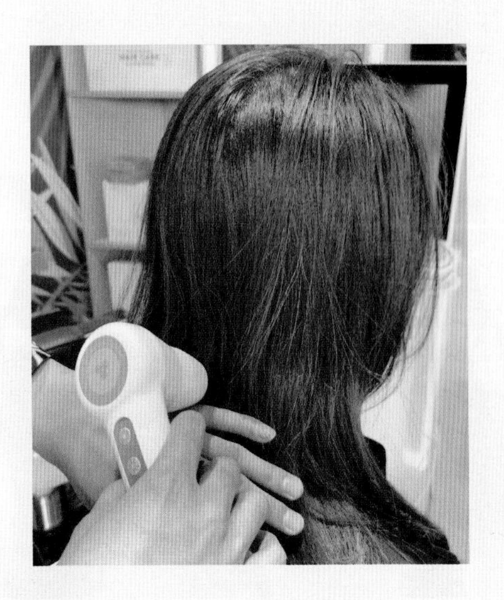

(4) 通过发质分析为顾客推荐适合的洗护发产品，结合顾客需求，确定本次服务流程。

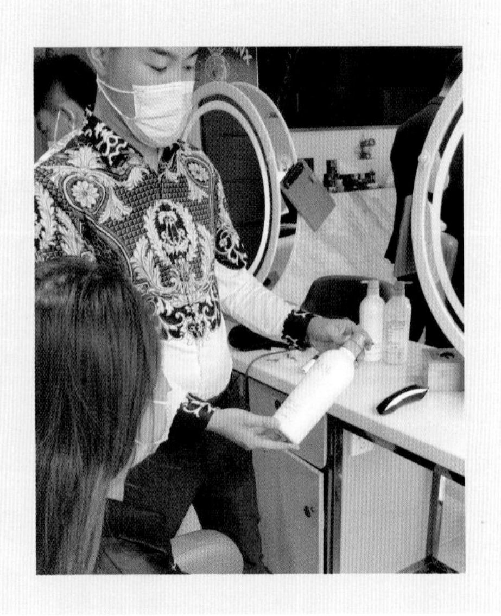

三、洗发流程

1. 洗发准备

(1) 为顾客换好客袍，并请至洗发室。

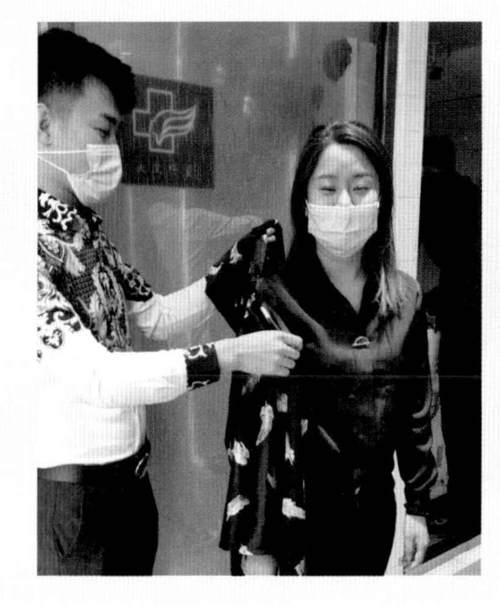

礼仪与话术

请您小心台阶。

温馨小贴士

顾客衣领较高时，应向内下折。如果美发区与洗发室之间有台阶，应及时提醒顾客。保持洗发椅清洁，为避免顾客产生疑问，洗护师可先用专用毛巾擦拭洗发椅，再请顾客入座。

(2) 请顾客在洗发椅上坐好，为避免弄湿顾客的颈部与衣领，应垫上围布、围好毛巾。

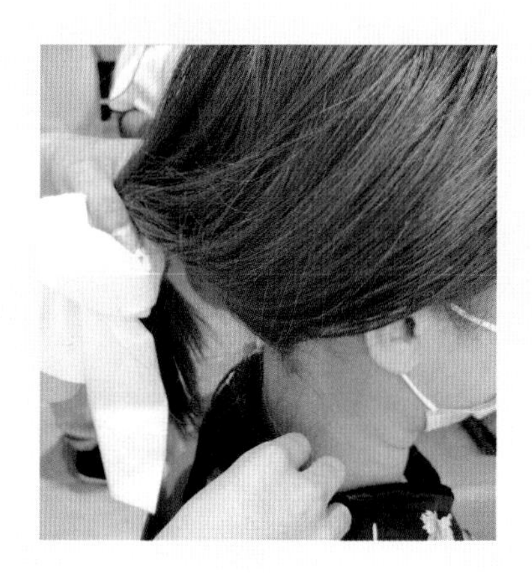

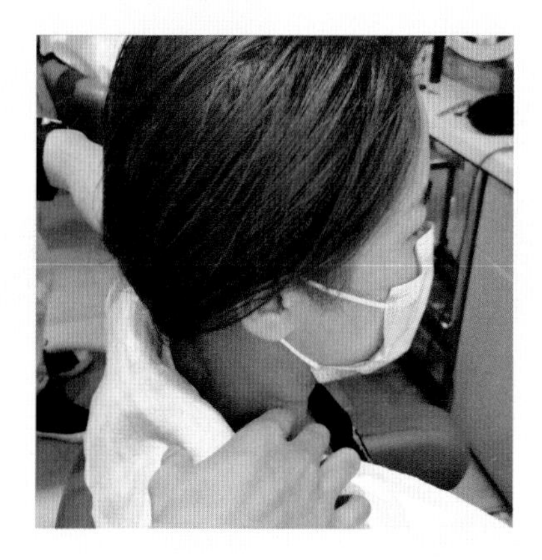

礼仪与话术

您感觉这种松紧度可以吗？

毛巾或围布与顾客颈部之间要预留一定的空隙，并保持整体效果平整。

错误示范

围布的使用方法

正确

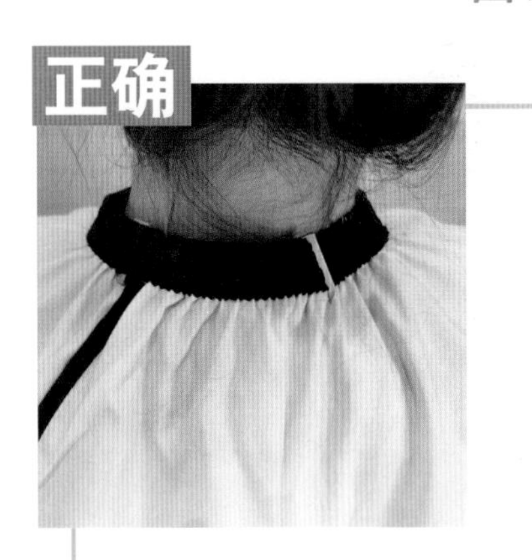

为了防止顾客颈部进水，应将围布严密围紧。

错误

如果围布没有围紧，可能会弄湿顾客颈部和衣领。

(3) 用气垫梳将顾客的头发梳理通顺，同时观察顾客头发与头皮的情况。梳理时，应从发梢开始向上依次将头发梳开，并用梳子按摩头皮，使头发上的灰尘、污垢和头屑浮于表面，便于清洗。

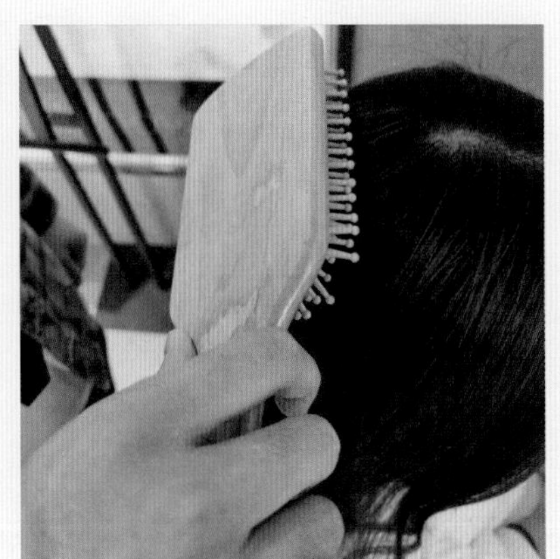

(4) 轻轻托住顾客肩部，使顾客慢慢地躺在洗发椅上，保证脖颈根部紧靠洗头盆边缘，同时询问顾客是否舒适。

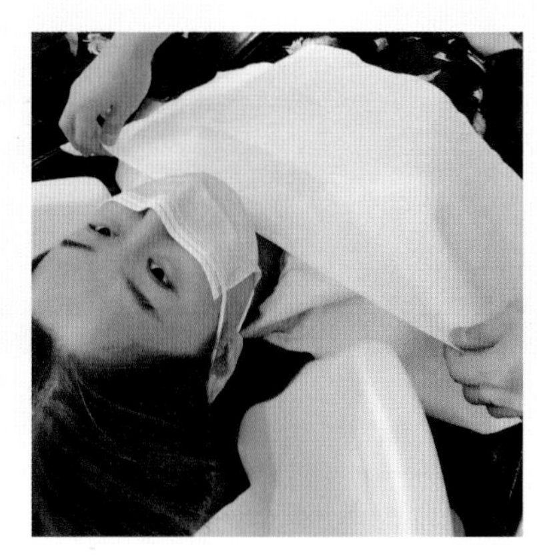

礼仪与话术

请慢慢躺下，您这样躺着脖子还舒服吗？

2．洗发操作

(1) 冲湿头发。慢慢打开喷头开关，调节水温和水压，以手腕内部测试水温（手腕内侧较敏感）。待水温稳定后再冲洗头发，避免水温不稳定烫伤顾客，并及时询问顾客感受。

冲湿头发

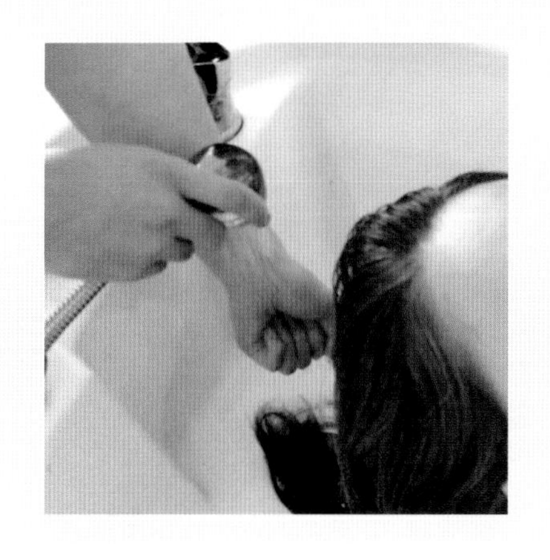

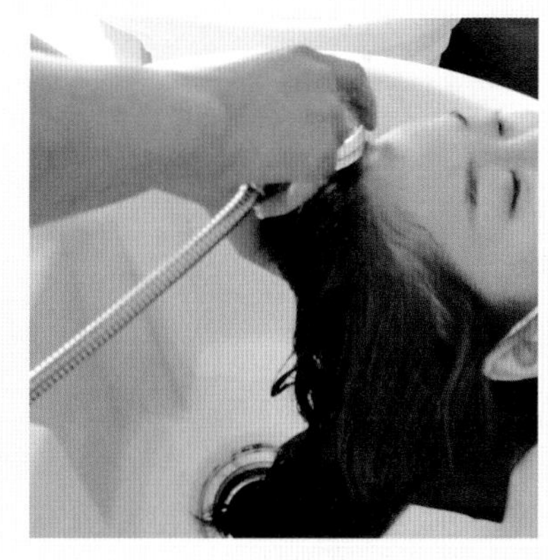

礼仪与话术

您感觉水温合适吗？

温馨小贴士

打开喷头开关时，应避免出水太急而使水花溅到顾客脸上或身上，不能将未经调试的水流直接冲向顾客头部。

01

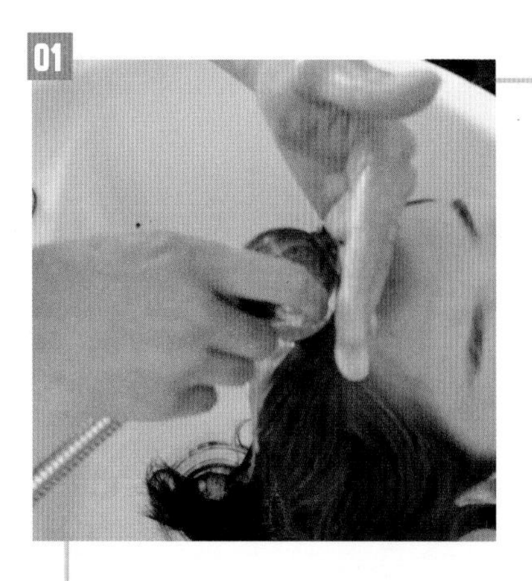

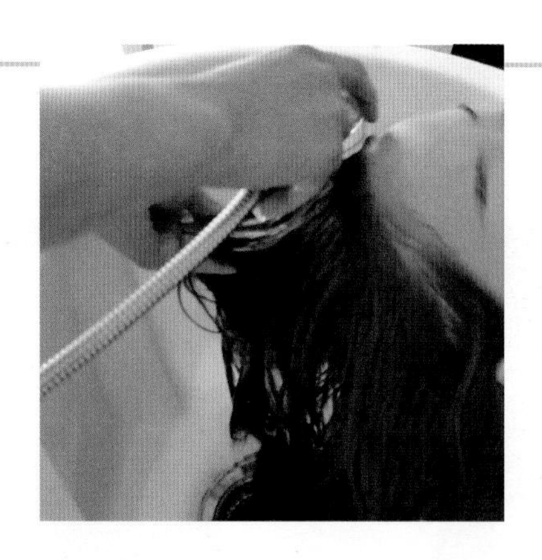

冲湿头顶的头发。用手压住水流，从前发际线中间开始冲水，然后左右移动，并抖松头顶的头发，使头顶的头发充分地润湿。

温馨小贴士

洗护师要注意呼吸，切勿使呼出的气息触及顾客脸部；可佩戴口罩，尽量与顾客脸部保持30 cm以上的距离。

02

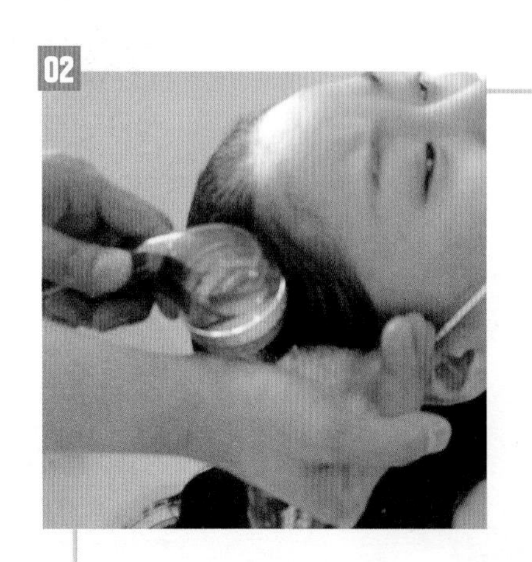

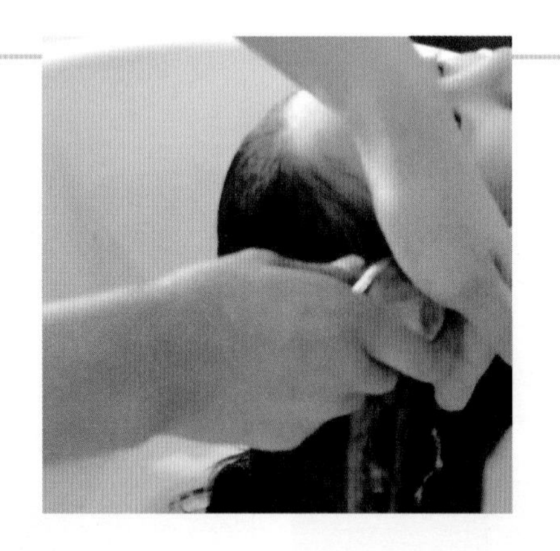

冲湿两鬓及耳后的头发。冲湿右侧头发时，左手拿喷头，右手挡在耳前，然后双手交替，使水顺势流向耳后；冲湿左侧头发时，采用同样的方式进行操作，以免水流入顾客耳内。

技能小技巧

喷头方向应偏向发际线内侧，尽量保持水流方向与头皮垂直，让水与头皮充分接触。

03

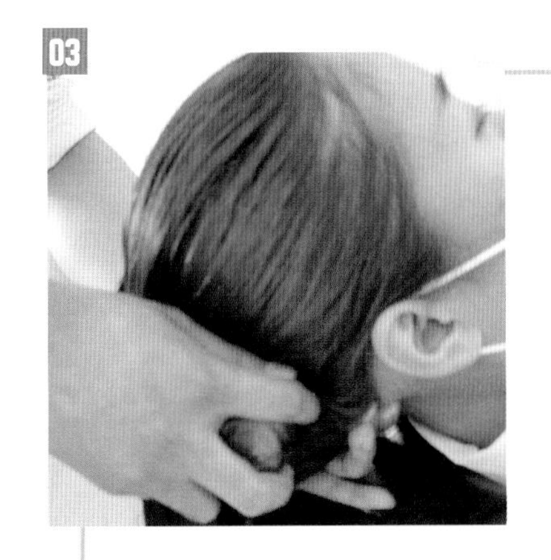

冲湿枕部的头发。右手拿喷头在枕部冲水，左手虎口紧贴后发际线，托住头部并挡住水流，避免水流入顾客衣领内，两手同时慢慢向上移动，然后右手握住喷头的同时稳住顾客头部，左手快速移动至颈部。重复以上动作，直至将枕部头发全部冲湿。

技能小技巧

为了防止水花溅到顾客衣领上，虎口应紧贴颈部上方的后发际线。

（2）涂抹洗发水。根据顾客发量等情况，取适量洗发水放在手掌上揉匀，打圈涂抹在头发上，让洗发水、空气、热水充分混合，揉出丰富的泡沫。洗长发时，要让发中与发尾也充分起泡。

涂抹洗发水

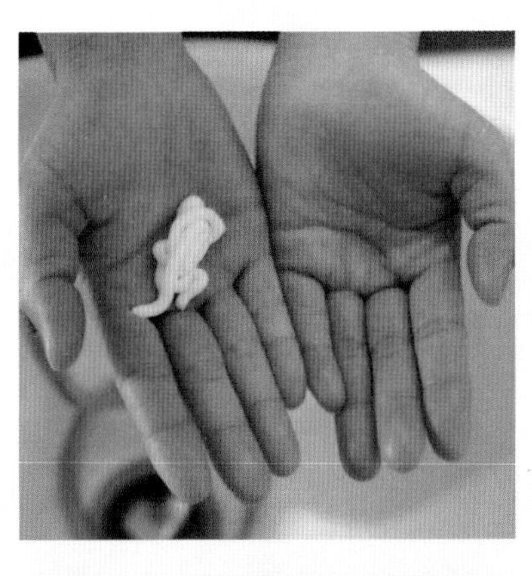

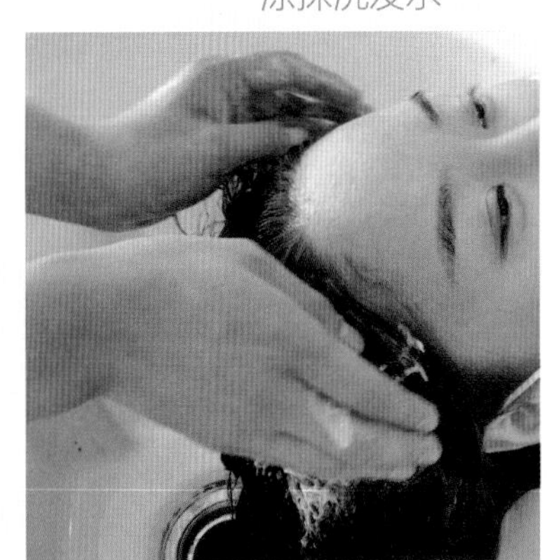

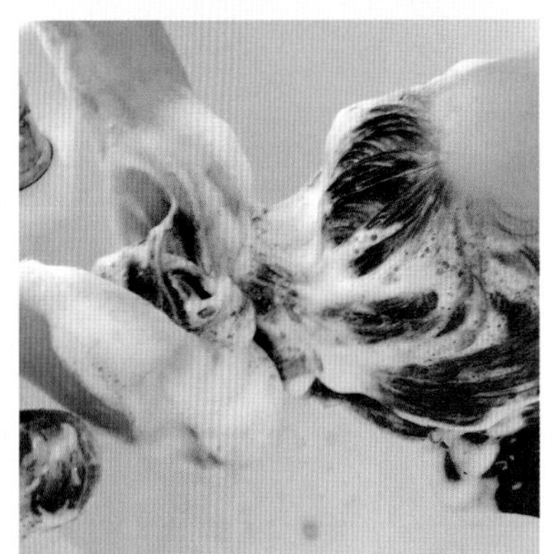

技能小技巧

如果泡沫黏腻，表明洗发水用量过多，可淋水稀释；如果不起泡沫，表明洗发水用量过少，需要再加适量洗发水。该过程中，应避免因泡沫过少或头发不顺滑而拉拽发丝造成顾客疼痛的现象。

(3) 搓洗头发。

01

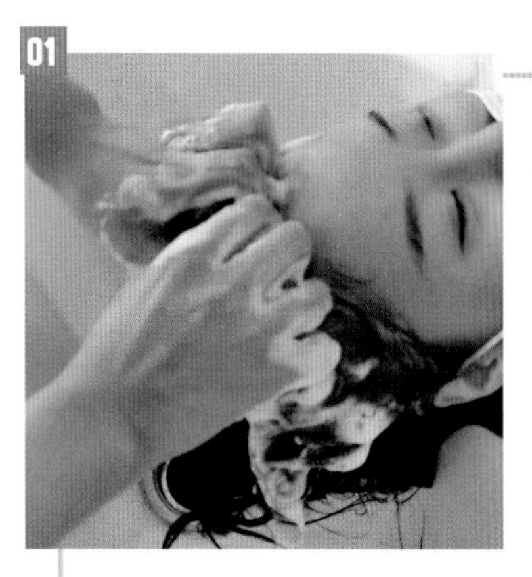

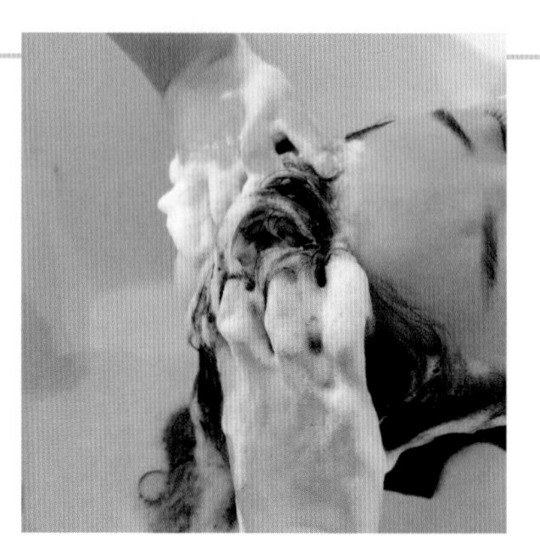

双手从前发际线开始揉搓至头顶，然后拇指着重揉搓前发际线处，接着从前发际线中间开始双手交叉揉搓至头顶。揉搓过程中，应将手指置于头发内部，指腹紧贴头皮，同时询问顾客揉搓力度是否合适。

礼仪与话术

您感觉揉搓力度可以吗？

搓洗头发

技能小技巧

揉搓头发时，洗护师的双手要沿着头部轮廓移动，为了便于大幅度动作，洗护师应抬高双肘，张开两臂。若两臂夹紧，则动作幅度会变小，导致无法用力。

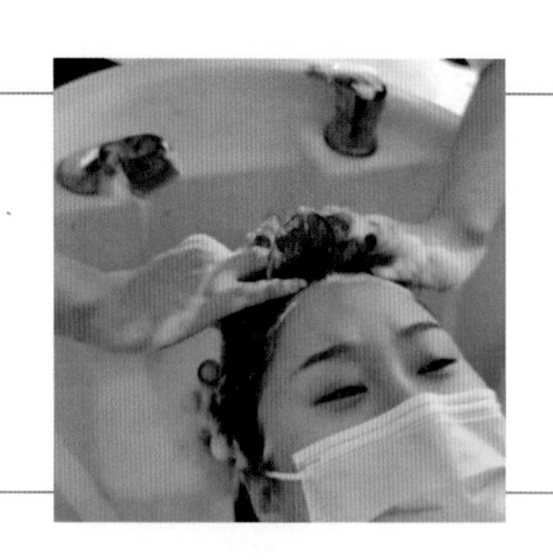

错误示范

揉搓头发时的手法

正确

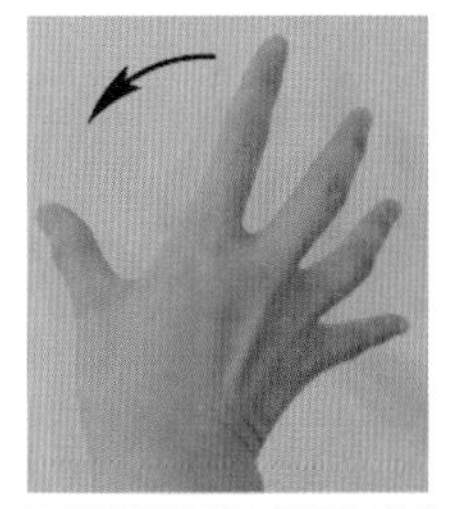

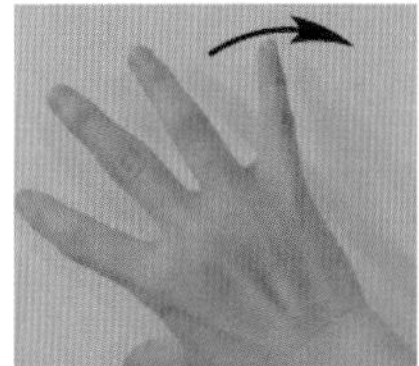

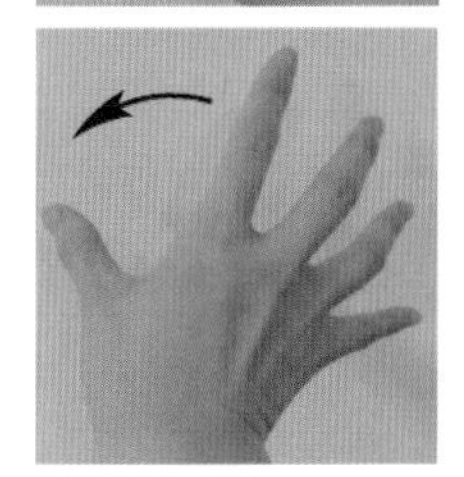

五指张开，双手沿着头部轮廓的弧度移动，避免直上直下的移动。

错误

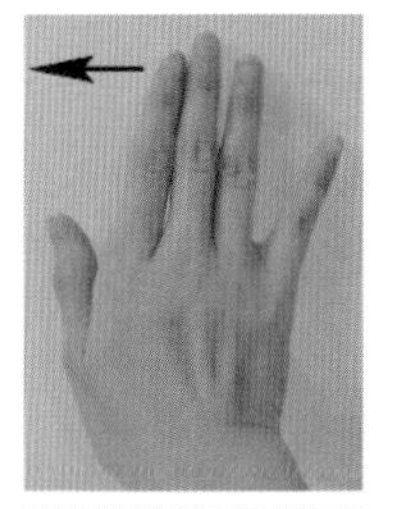

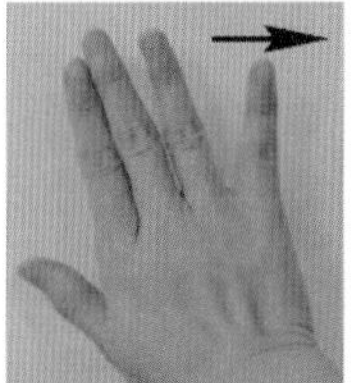

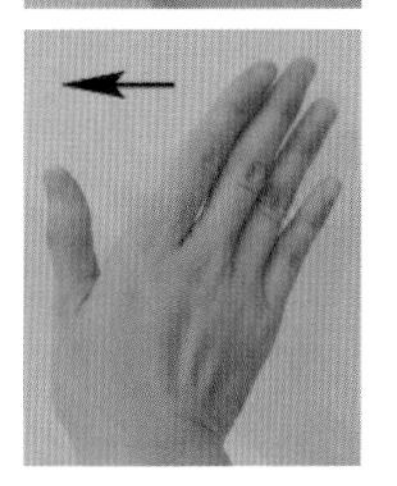

五指并拢，动作幅度较小。

02

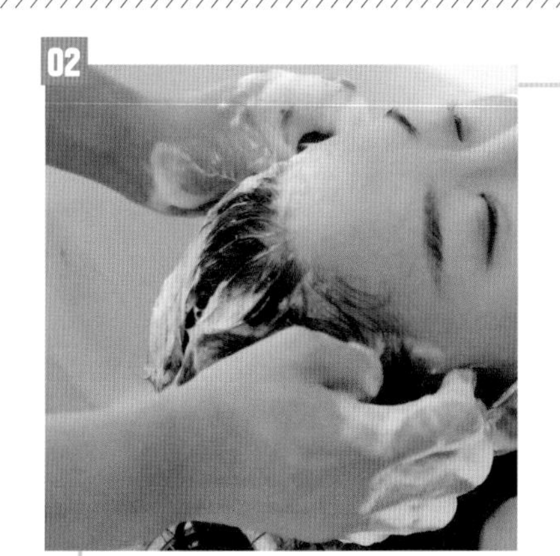

双手先分别移动到两侧耳朵上部，着重揉搓两鬓，然后从耳周揉搓至头顶。

03

左手托住顾客头部略向左偏，右手揉搓右侧耳后至头顶；然后换另一侧用另一只手揉搓。

04

双手手掌托住顾客枕部，指腹由后发际线向上揉搓，逐渐移动至枕骨处，然后轻轻放下顾客头部。

礼仪与话术

您感觉头皮舒服吗？头上有没有哪个部位需要着重揉搓一下？

05

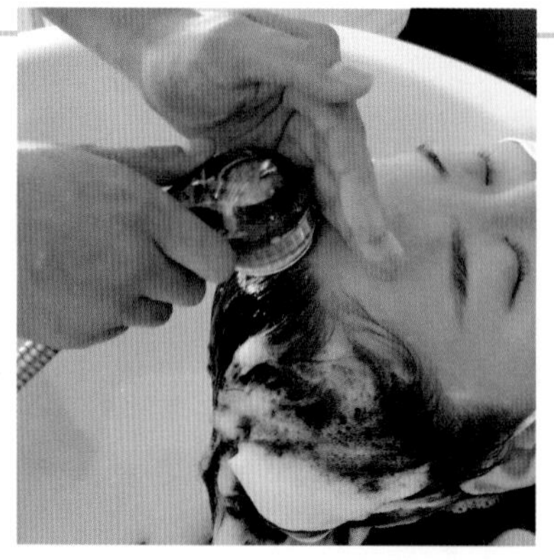

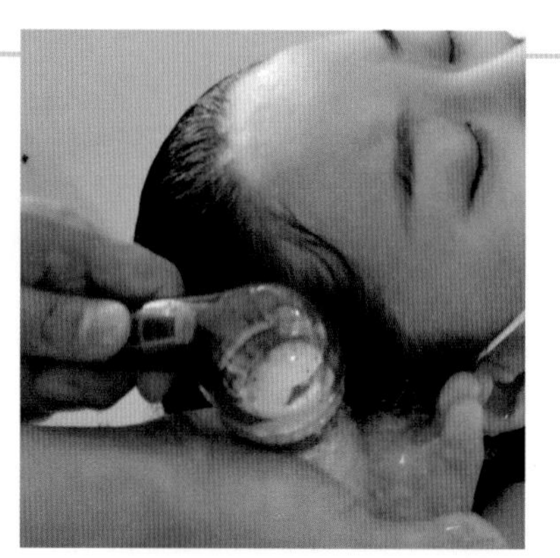

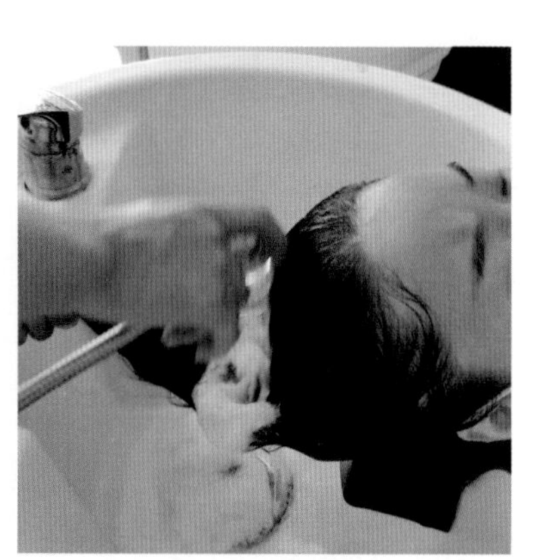

用相同的方法测试水温和水压，从前发际线开始冲洗，一只手拿喷头，另一只手配合抖动头发，将头发冲洗干净。冲洗耳朵周围的头发时，应用手挡住水流，避免水流进顾客耳朵里；冲洗枕部的头发时，应一只手托住头部，另一只手进行冲洗。

06

根据头发的清洁程度决定是否再重洗一遍。

（4）使用护发素。

01

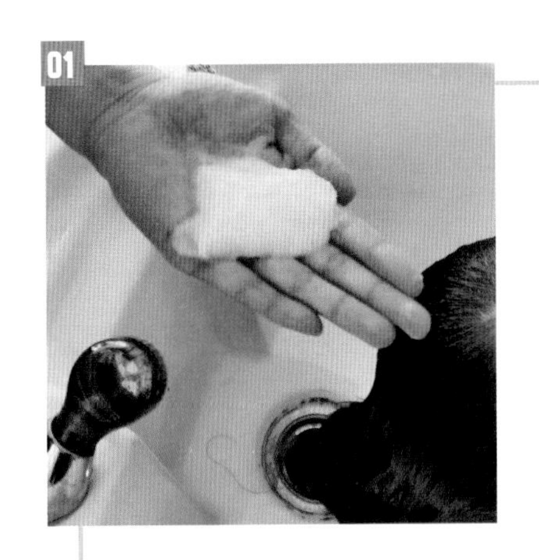

取适量护发素放在手掌上揉匀，然后涂抹在距离发根约2 cm以外的头发上，轻轻抓揉，促进护发素的渗透与吸收。

使用护发素

经验传承

护发素一般为乳状膏体，具有一定的黏稠度，香气纯正，色泽均匀。若顾客为长发，应着重将护发素涂抹在较为干燥的发中和发尾上，并避免护发素接触头皮。

02

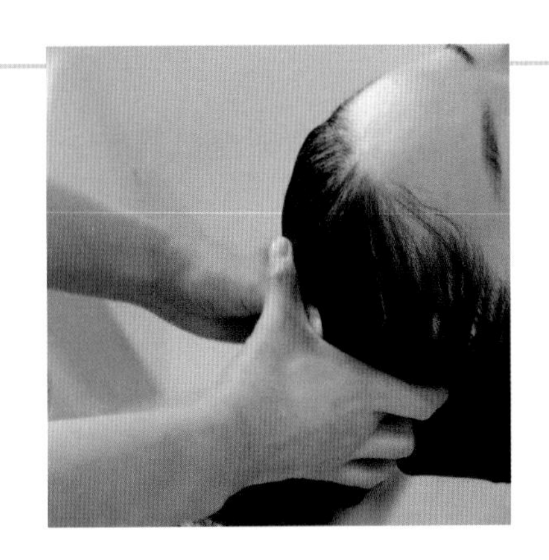

用相同的方法，将头发彻底冲洗干净。从发根至发梢轻轻挤出头发上的水分。

（5）用毛巾擦发与包发。

01

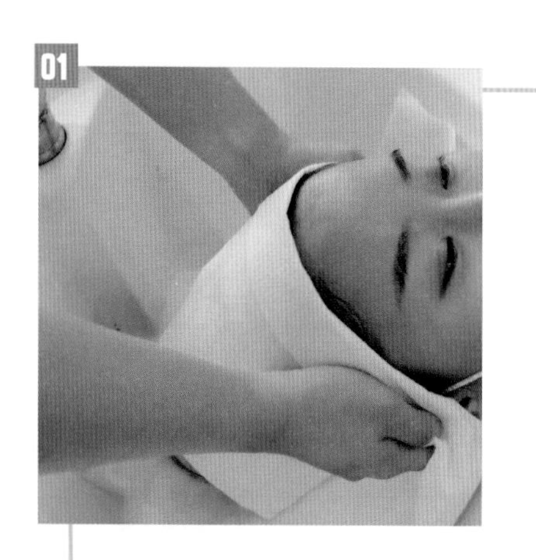

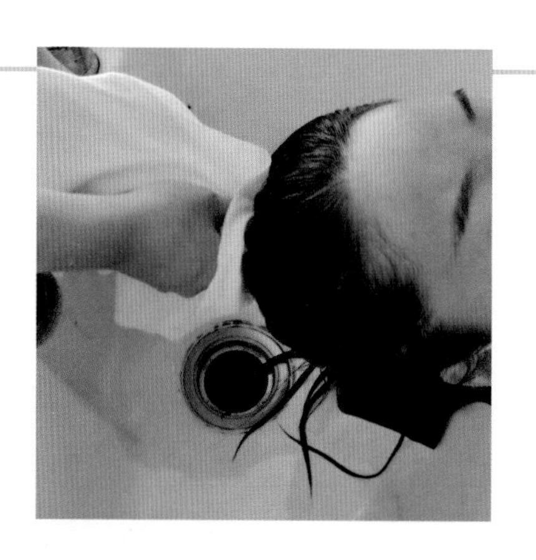

用毛巾擦去前发际线及耳朵周围的水迹，并顺手擦一下头发。

擦发与包发

02

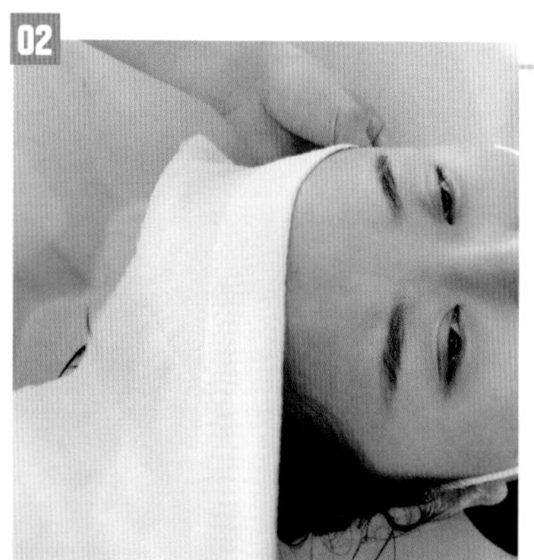

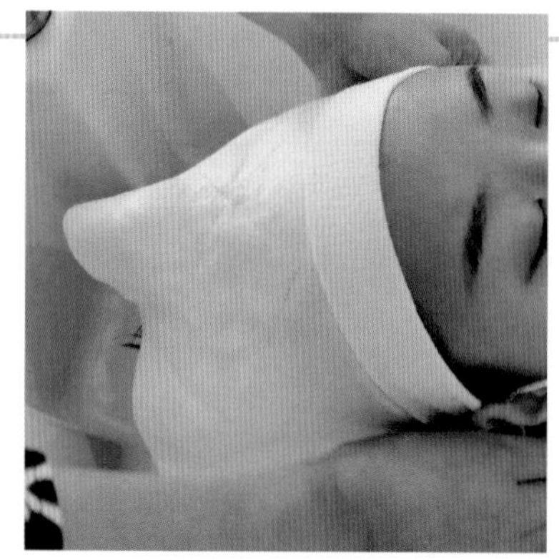

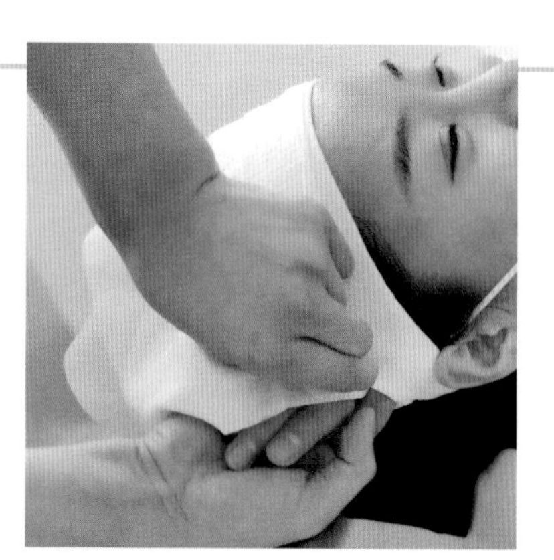

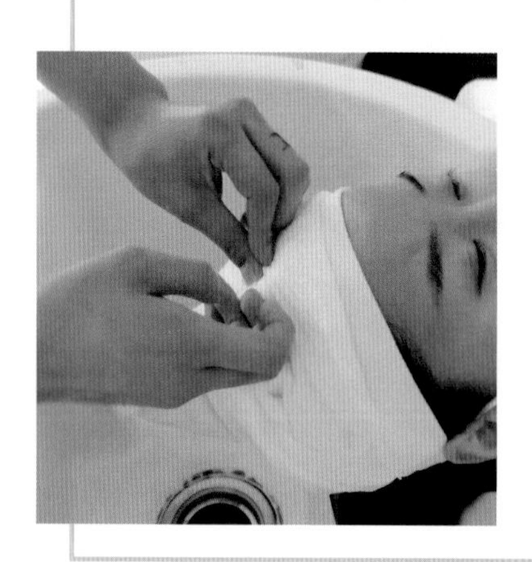

先将毛巾向外折出一条宽约3 cm的边，然后从左侧耳后沿前发际线绕到右侧耳后，用左手托起头部，右手将毛巾从脑后送到左侧，同时换右手托住头部，左手拿住毛巾，将毛巾塞到折边里，最后将下部毛巾一角向上对折，塞至前发际线处的折边里。

温馨小贴士

用毛巾沿发际线将头发包住时，应做到松紧适度，美观不松散。

03

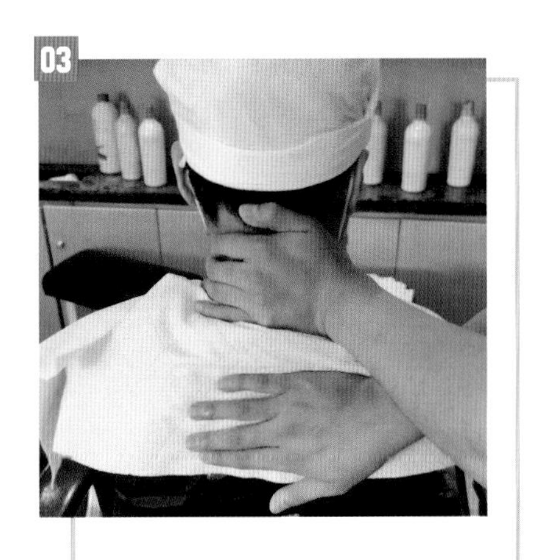

告知顾客头发已经洗好，托住顾客肩颈部，辅助顾客坐起。

礼仪与话术

您好，头发已经洗好，可以坐起来了。

(6) 完成洗发。引领顾客回到美发椅坐好，用毛巾擦去头发上多余的水分，将顾客引领至理发师处。

礼仪与话术

您好，这是我们资深的理发师，技术非常棒，现在由他为您服务。您想剪什么风格的发型或想吹什么造型，都可以告诉这位老师。

（7）剪后洗发。按照相同的操作步骤冲洗头发，并注意擦拭或冲洗剪落在皮肤上的头发。洗好后用毛巾将头发包住，引领顾客回到美发椅。根据顾客要求，进行吹风造型。

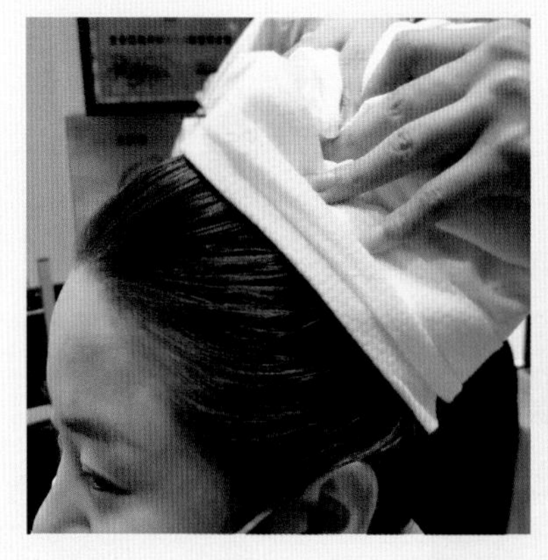

四、收尾工作

（1）征求顾客意见，询问顾客是否还有其他需求，确定服务完成且顾客满意后，协助顾客脱掉客袍，整理好衣领。

礼仪与话术

① 请问您对今天的服务满意吗？

② 请问您还有其他需求吗？

（2）引领顾客结账，将顾客送至门口。

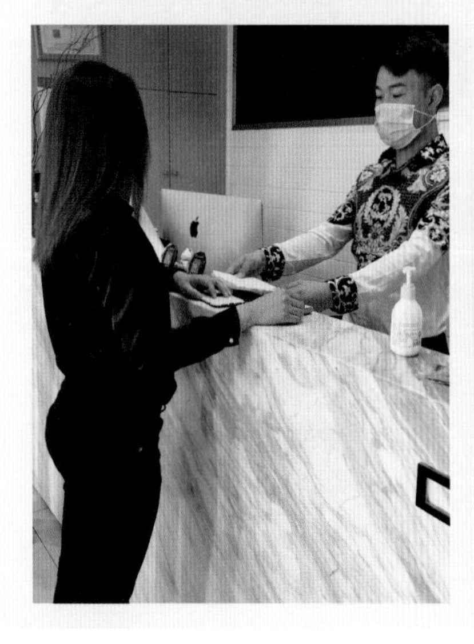

礼仪与话术

① 您请这边结账。

② 欢迎下次光临！

(3) 整理工作环境。

01

顾客离开后，将用过的客袍、毛巾等放到指定位置，等待清洗消毒，做到一客一换。

02

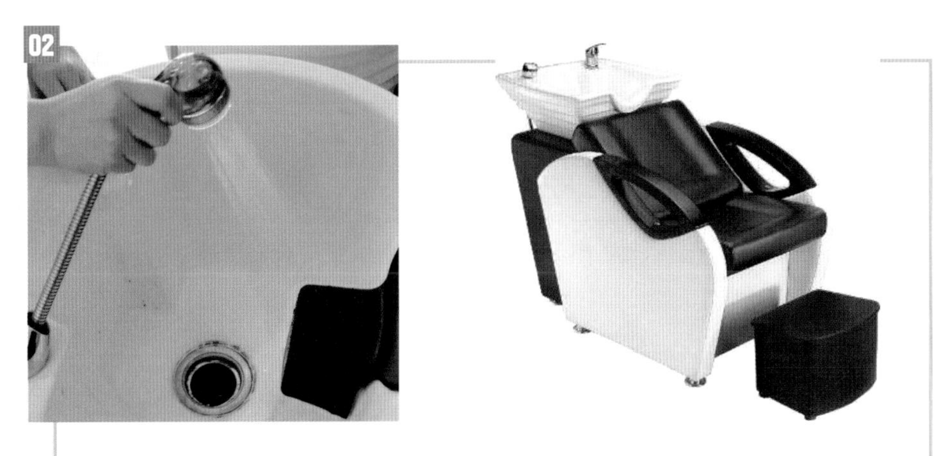

按要求迅速整理工具用品和工作环境，清洁洗头盆，保持工作环境整洁，为下一次服务做好准备。

课堂小剧场

您好，欢迎光临，请问您今天需要什么服务？

洗头发，修剪刘海和发尾。

接待人员：请问您有预约吗？

顾客：没有。

接待人员：请这边坐，请问您有指定的洗护师帮您洗头发吗？

顾客：没有。

接待人员：那请您稍等一下，我马上去帮您安排，好吗？

顾客：好的。

（等顾客确定后再离开，然后结合流水牌来安排洗护师。）

……

洗护师：您好，我是今天为您服务的洗护师，我们先把衣服和随身物品存一下好吗？

顾客：好的。

洗护师：您的一件衣服和一个包存在了××号柜子里，这是钥匙，您收好。

顾客：好的。

洗护师：我先帮您穿上客袍，好吗？

顾客：好的。

洗护师：您请坐，我帮您围上毛巾和围布，您感觉松紧度合适吗？

顾客：可以。

洗护师：为了针对您的发质状况来选择适合的洗护发产品，可以问您几个问题吗？

顾客：可以。

洗护师：您上次洗头发到现在有几天了？

顾客：差不多三天了。

洗护师：那请问您会不会觉得头发很油呢？

顾客：还好吧。

洗护师：有没有头皮痒或感觉头屑多的情况呢？

顾客：有一点点。

洗护师：掉头发的情况怎么样呢？

顾客：每次梳头或洗头发时会掉一些。

洗护师：其实每天掉50～100根头发都属于正常的新陈代谢，不用担心。您需要使用仪器检测发质吗？

顾客：需要/不需要。

洗护师：根据刚才的分析，您属于干性发质，接下来我会用滋润型洗发水为您洗发，好吗？

顾客：好的。

洗护师：（戴好口罩，并为顾客围好毛巾）请您慢慢躺在洗发椅上，您这样躺着脖子还舒服吗？

还行。——顾客

洗护师：现在开始为您洗头发。（先试水温）这个水温可以吗？

可以。——顾客

洗护师：（搓洗头发）您感觉还舒服吗？请问这个力度可以吗？

可以。——顾客

洗护师：您头部还痒吗？有没有哪个部位需要着重揉搓一下？

没有/头顶/后脑勺。——顾客

洗护师：现在为您冲洗头发。请问您有指定的理发师为您服务吗？

没有。——顾客

洗护师：好的，马上为您安排。

……

洗护师：头发已经洗好，您可以坐起来了。这边请。

……

洗护师：这是我们资深的理发师，技术非常棒，现在由他为您服务。您想剪什么风格的发型或想吹什么造型，都可以告诉这位老师。

好的。——顾客

……

洗护师：××老师，这位顾客需要修剪刘海和发尾，接下来就交给您了。

没问题。——理发师

……

洗护师：稍后您需要洗发服务时请随时叫我。

好的。——顾客

任务评价

在进行剪吹洗发的过程中，应按照任务标准认真检查每一项工作内容，并做好记录。

剪吹洗发任务评价表

项 目	标 准	评价等级	存在问题与解决方法
准备工作	① 工作环境干净整洁	□	
	② 工具用品齐全，摆放整齐	□	
	③ 个人卫生仪表符合工作要求	□	
服务规范	① 服务热情、周到	□	
	② 礼仪与话术使用恰当	□	
	③ 关注顾客感受，及时询问顾客意见	□	
操作标准	① 水温合适，头发全部冲湿	□	
	② 洗发操作规范，动作熟练流畅	□	
	③ 手法正确，双手配合协调	□	
	④ 泡沫丰富，未溅到发际线以外	□	
	⑤ 护发素涂抹均匀，适当揉搓	□	
	⑥ 冲水方法正确，冲洗干净	□	
	⑦ 发际线以外无水迹	□	
	⑧ 毛巾包裹头发的方法正确	□	
	⑨ 毛巾松紧适度，不松落	□	
	⑩ 能够在规定时间内完成任务	□	
收尾工作	① 洗发干净、无头屑	□	
	② 顾客感觉舒适，满意度高	□	
	③ 工作区域恢复整洁	□	
	④ 工具用品收放整齐	□	

注：关于评价等级，优秀为A，良好为B，达标为C，未达标为D。

任务二　烫发洗发

情景引入

周女士过几天要去参加某个重要的盛会，为了让自己有更完美的表现，她打算去美发店做个烫发造型来提升自己的形象。周女士提前在网上查找了口碑与评价较好的美发店，并细心选定洗护师和美发师。初步确定好适合自己的烫发造型后，她与美发店联系预约了时间。这天下班后，她开心地来到美发店，期待着自己的新造型。

相关知识

一、烫发对头发的影响

健康头发中的毛鳞片处于闭合状态，边缘整齐平滑、无损伤，此时头发柔顺、有光泽、易于梳理；烫发剂中的碱性物质会使毛鳞片打开，造成毛鳞片拱起或受损，使头发失去光泽、手感粗糙、容易打结。

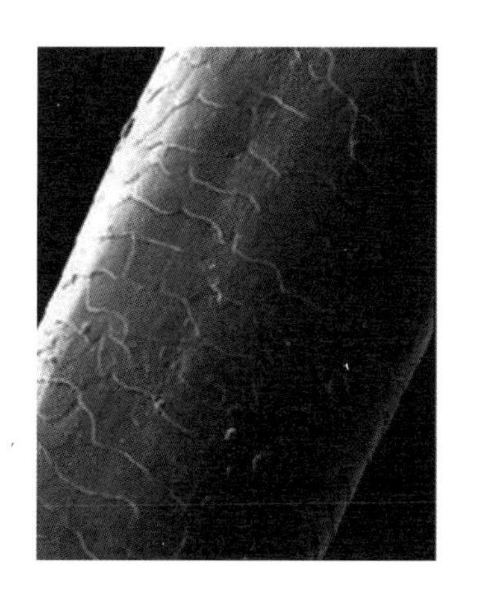

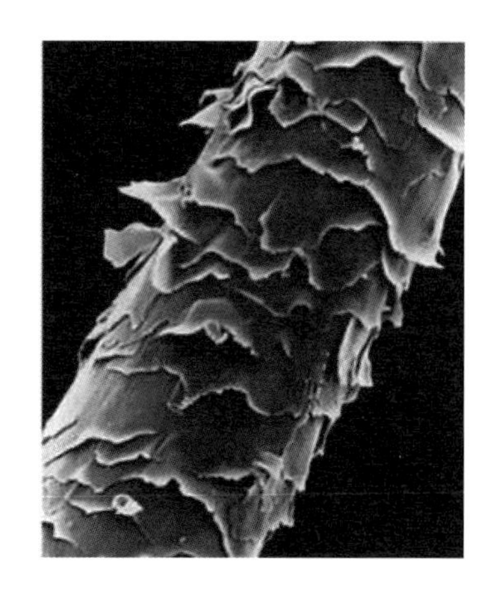

二、烫发洗发的特点

烫发洗发分为烫前洗发和烫后护发两个过程。在洗发过程中，应明确洗发水和护发素的不同作用。在一般情况下，洗发水偏碱性，可将头皮与头发表面的污垢、油脂等清洗干净，使毛鳞片打开，让烫发剂更好地渗入头发内部；护发素偏酸性，会在头发表面形成一层保护膜，帮助毛鳞片闭合。因此，烫发洗发的特点是烫前洗发只能使用洗发水进行清洁，不能使用护发素；烫后护发则应使用护发素帮助毛鳞片闭合。

任务实施

一、接待与沟通

(1) 细心接待，引领顾客进店，询问服务需求。

(2) 了解顾客发质状况及有无过敏史等，针对顾客需求进行沟通交流，选择适合的洗护发产品，并确定本次服务流程。

(3) 为顾客存储随身物品和衣服，告知其具体件数及存放位置，并将钥匙交到顾客手中。

二、洗发流程

1. 洗发准备

(1) 为顾客换好客袍，并请至洗发室。待顾客在洗发椅上坐好后，为顾客垫上围布，围好毛巾。

(2) 用气垫梳将顾客的头发梳理通顺，同时观察顾客头发与头皮的情况。

温馨小贴士

如果顾客头皮上有明显的伤口，则不能进行洗发与烫发等项目。

③ 轻轻托住顾客肩颈部，使顾客慢慢地躺在洗发椅上，同时询问顾客是否舒适。

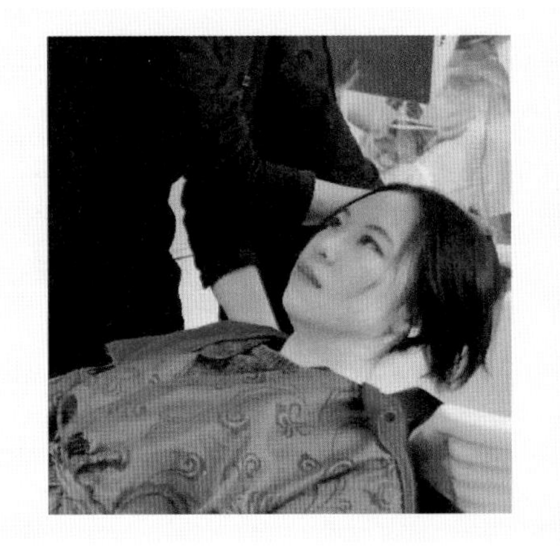

2. 洗发操作

1）烫前洗发

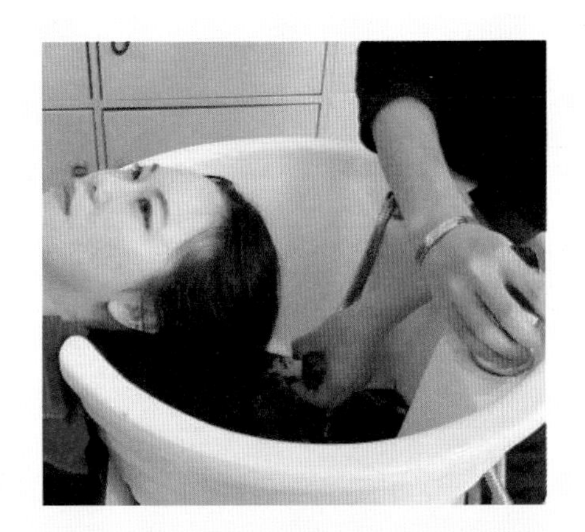

烫前洗发

① 冲湿头发。慢慢打开喷头开关，调节水温和水压，待出水稳定后，喷头向下倾斜，将头发冲湿。用一只手挡住水流，避免水流溅到脸上。

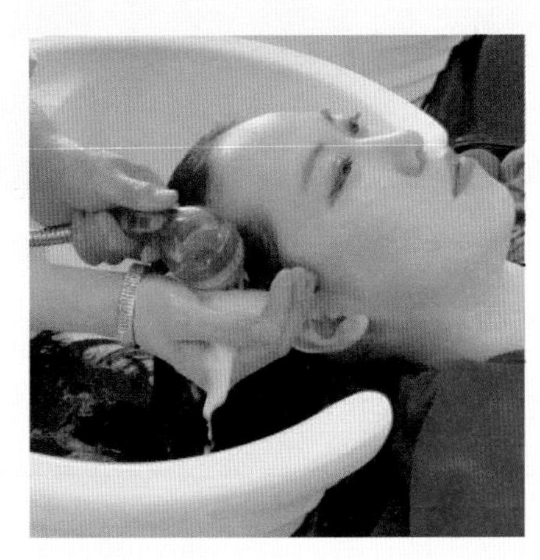

（2） 涂抹洗发水。根据顾客发量等情况，取适量洗发水放在手掌上揉匀，打圈涂抹在头发上，并揉出丰富的泡沫。

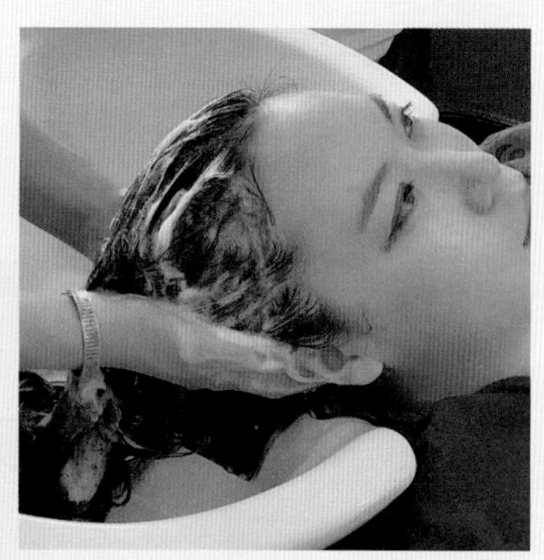

（3） 揉搓头发。烫前洗发主要是将头发上的污垢清洗干净，轻轻揉搓发丝，并尽量少揉搓头皮。

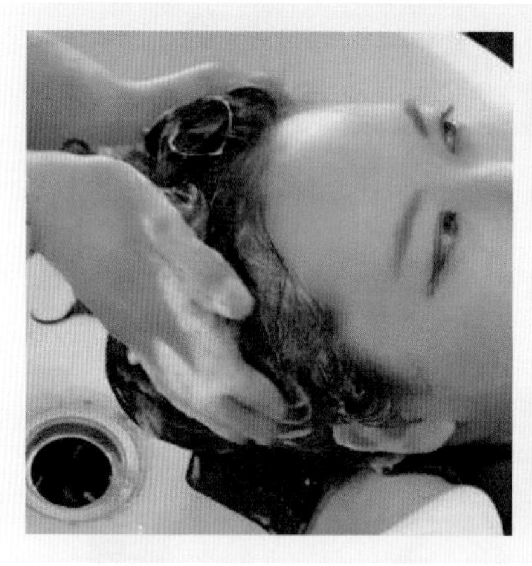
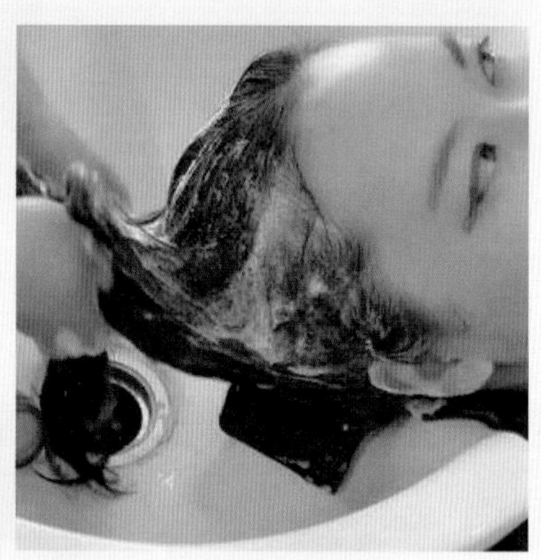

（4） 冲洗头发。用温水将洗发水泡沫彻底冲洗干净，确定头部各处全部冲透、冲净，然后用双手将头发中的水分轻轻挤出。

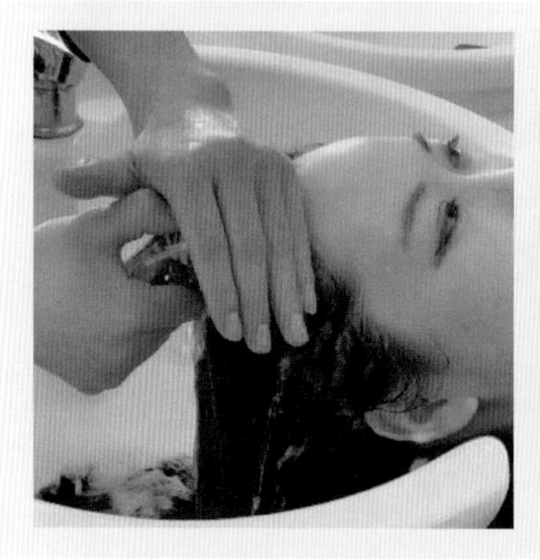
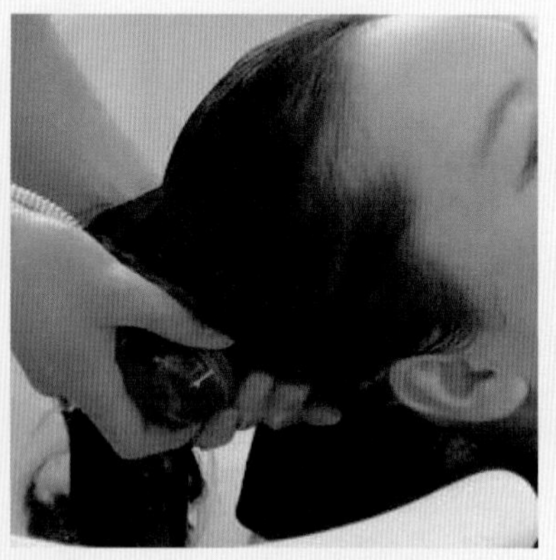

技能小技巧

对于短发顾客，可将头发全部向后轻轻按压出多余水分。

(5) 用毛巾擦发与包发。双手拿毛巾擦拭前发际线及耳朵周围的水迹，顺手擦一下头发。用毛巾沿发际线将头发包住，做到松紧适度，美观不松散。

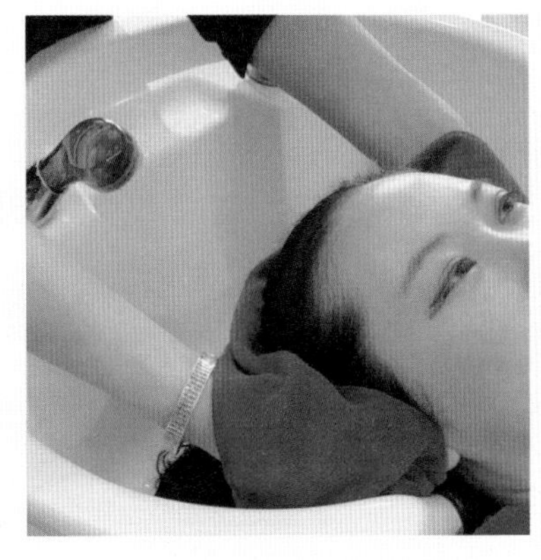

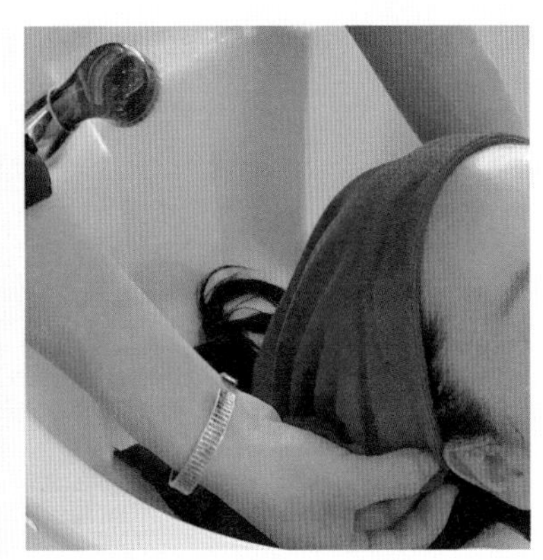

(6) 洗发完成。辅助顾客坐起，并引领其回到美发椅坐好，将顾客引领至美发师处，开始烫发过程。

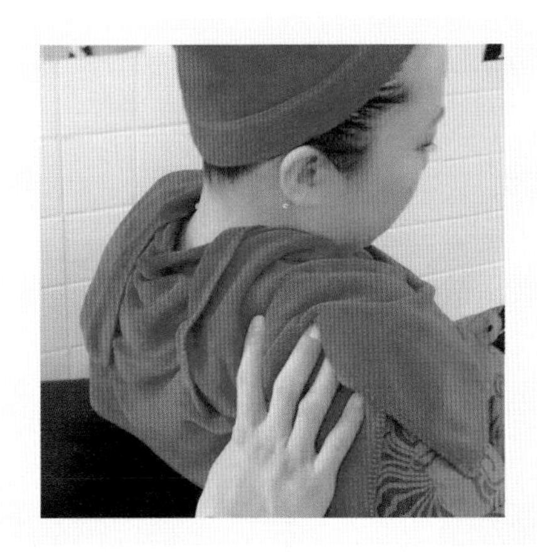

礼仪与话术

① 您好，头发洗好了，请慢起。

② 这边请，现在由××美发师为您烫发。

2）烫后洗发

冷烫和热烫的烫后洗发稍有区别，下面以冷烫的烫后洗发为例进行介绍。

(1) 冲洗发卷上的烫发剂。

01

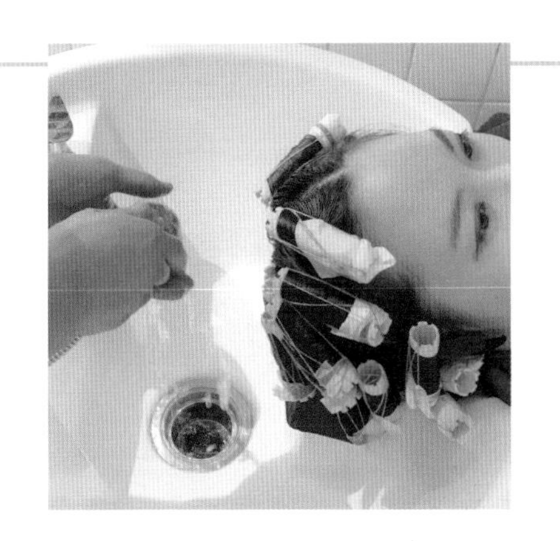

准备工作。摘除保护措施，将水温调试好后开始冲水。

烫后冲洗发卷

技能小技巧

摘除保护措施时，动作要熟练，避免牵动发际边缘的发卷；否则，会连带发卷一起拉扯发根，给顾客带来疼痛感，而且还会使卷好的头发变形，影响烫发效果。

02

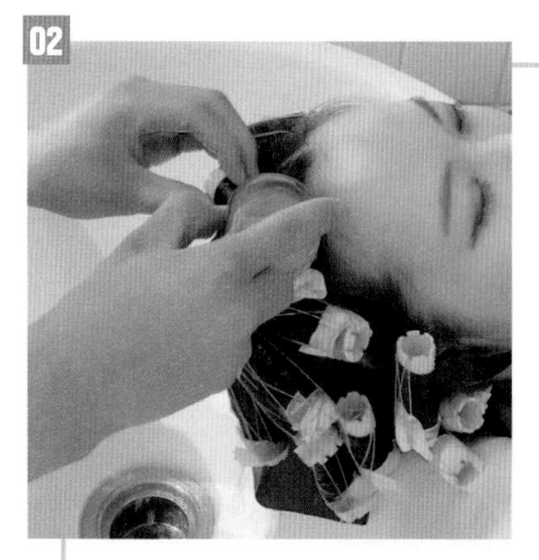

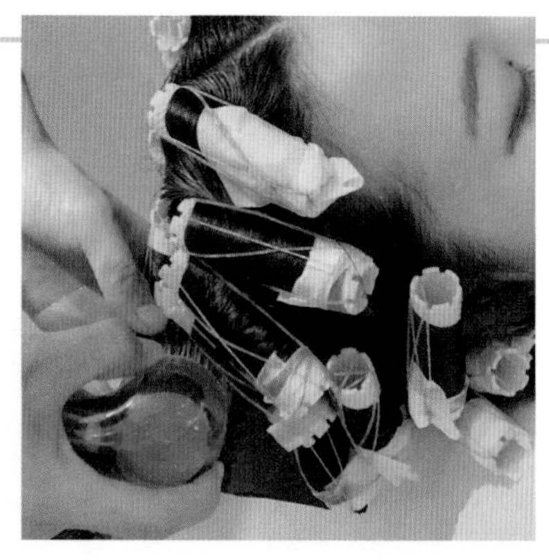

冲洗头顶发卷。一只手握住喷头，另一只手轻轻拿住头顶发卷，使水流从发卷一端慢慢移动到另一端，仔细地对发卷进行逐个冲洗。

03

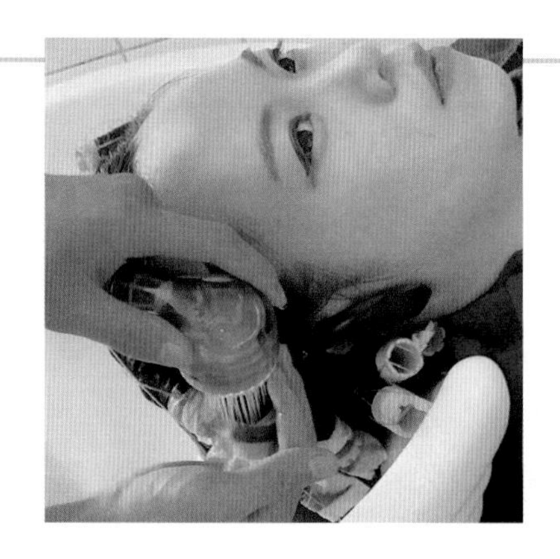

冲洗两鬓发卷。一手握住喷头，另一只手挡住顾客耳朵，水流向下冲洗两鬓发卷，以免水流入顾客耳中。

04

冲洗枕部发卷。轻轻将头部托起，一只手放在颈部，支撑头部，并挡住水流；另一只手握住喷头慢慢移动，冲洗枕部发卷，并着重冲洗后发际线边缘的发卷。

温馨小贴士

冲水速度要慢，避免水溅到顾客脸上或流入耳内，做到冲洗彻底、动作平稳。

(2) 毛巾吸水与重置保护措施。

01

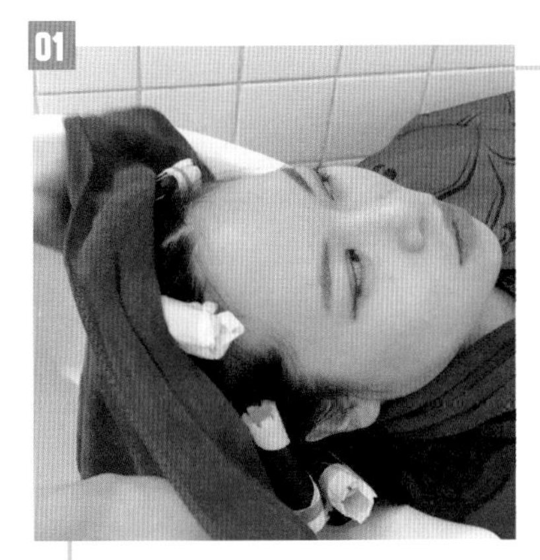

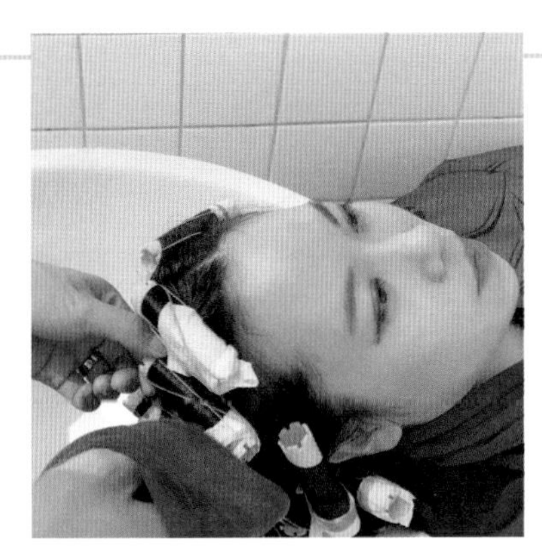

将干净吸水的毛巾轻轻铺在顾客头上，双手轻按毛巾；利用毛巾的边角擦拭顾客前发际线及耳周的水迹，并轻轻沾拭发卷，直至发卷上没有水滴滴下；然后用另一块干毛巾包裹头部，辅助顾客缓慢起身。

02

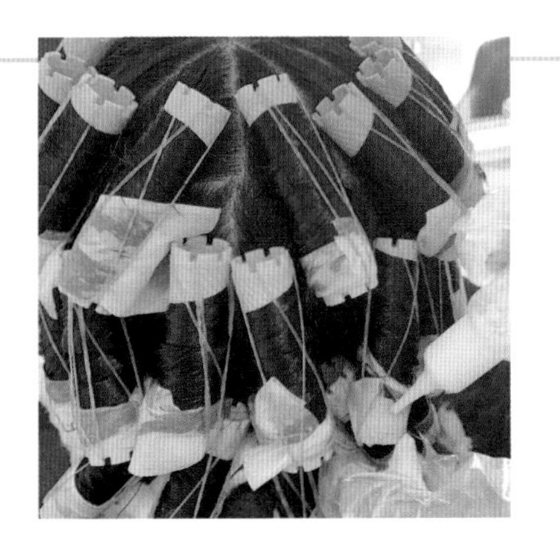

重置保护措施后，开始涂抹中和剂。涂抹时，应避免液体流到顾客脸上或眼睛里。

涂抹中和剂

温馨小贴士

顾客起身前要仔细用毛巾将发卷上的水分吸走，否则起身时会有水流出，造成顾客不适，而且将水分充分吸走还能使中和剂有更好的渗透效果。

(3) 拆卷后洗发。

01

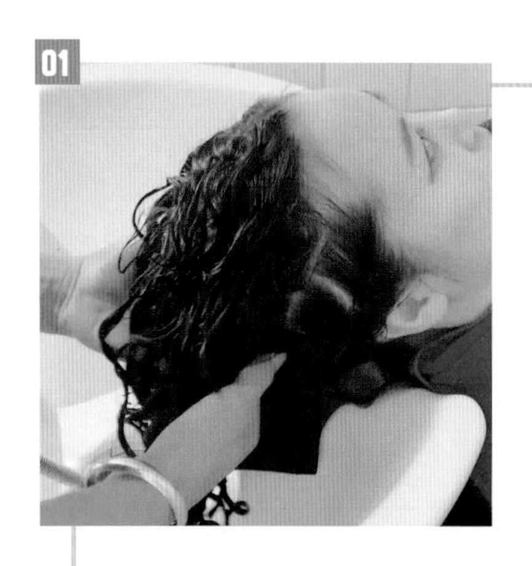

烫发拆卷后，用指腹揉搓头发根部，可起到去除发根处烫发痕迹与放松头皮的作用。

拆卷后洗发

02

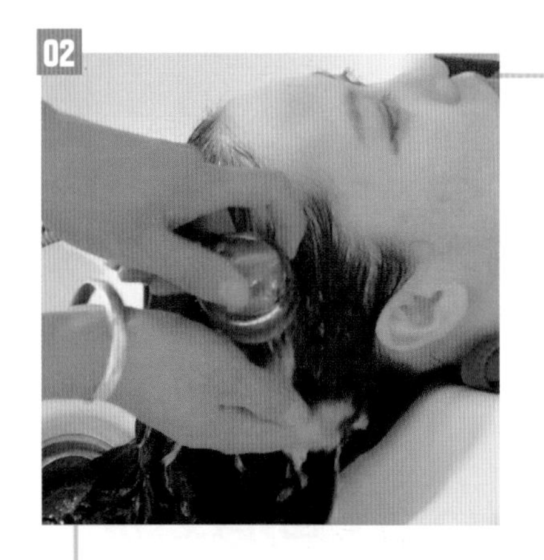

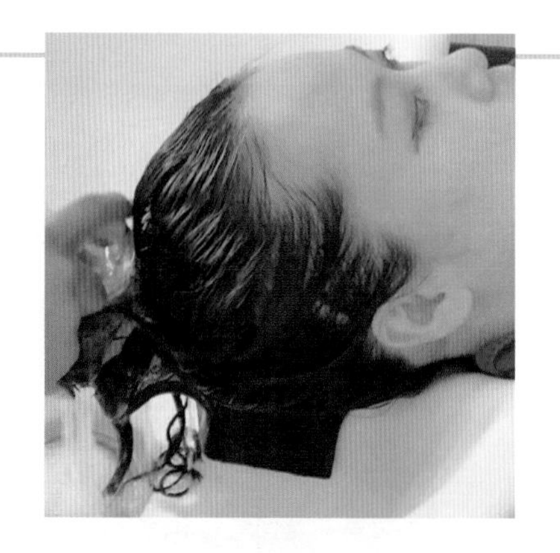

用温度适宜的清水将头发上的烫发剂与中和剂彻底冲洗干净。

技能小技巧

冲水时，要将头发抖散，同时冲水时间要适当长一些。

温馨小贴士

不能用洗发水清洗烫发剂和中和剂，否则会影响头发的卷度。

03

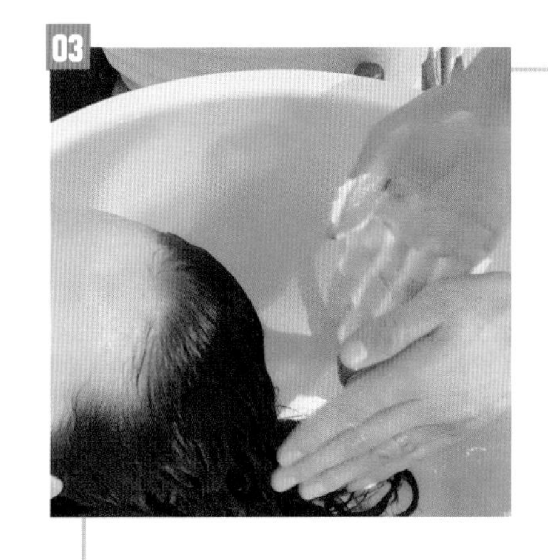

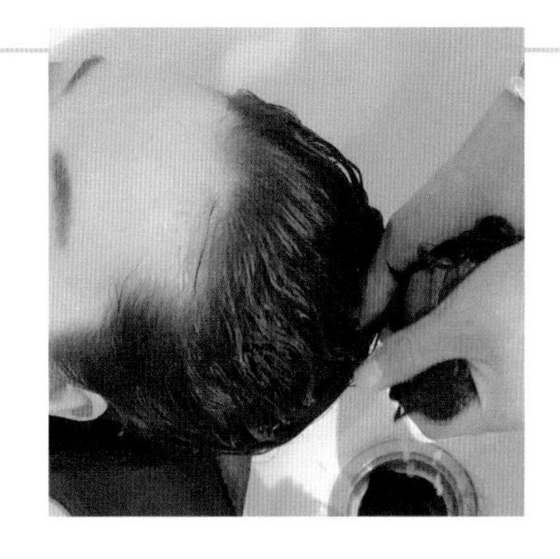

将烫后护发产品均匀地涂抹在头发上，双手配合揉搓发中与发尾，使烫后护发产品在发丝上均匀渗透，并停留2～3 min。烫后护发产品能够快速补充头发浅层所需的水分和营养物质，帮助头发表层的毛鳞片闭合。

技能小技巧

揉搓时，应做到动作平稳、力度适中，随时询问顾客的感受。由于刚刚烫卷，头发内部结构还不稳定，揉搓时不要用力拉扯，防止卷发变直。

（4）将头发彻底冲洗干净，然后用毛巾擦干并包住，辅助顾客坐起，引领其回到美发椅坐好，并让理发师对顾客进行吹风造型等。

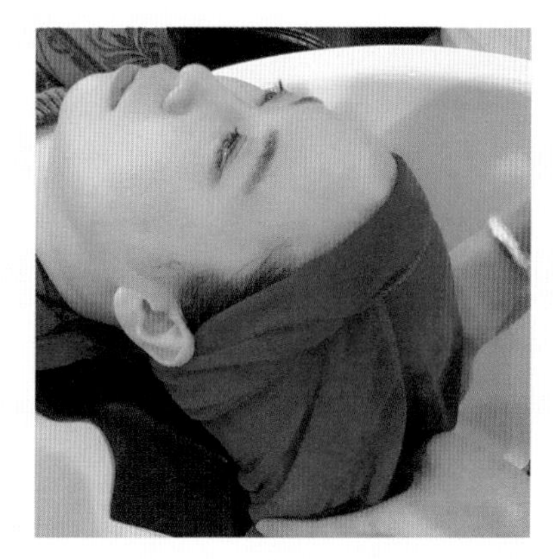

温馨小贴士

热烫的烫后洗发在拆卷后进行，所以其烫后洗发操作仅需进行第（3）（4）步即可。

三、收尾工作

（1）征求顾客意见，询问顾客是否还有其他需求，确定服务完成且顾客满意后，协助顾客脱掉客袍，整理好衣领。

（2）引领顾客结账，将顾客送至门口。

（3）将用过的客袍、毛巾等放到指定位置，做到一客一换。按要求迅速整理工具用品和工作环境，为下一次服务做好准备。

接待人员：您好，欢迎光临，请问您今天需要什么服务？

顾客：想烫个适合自己的新发型。

接待人员：请问您有预约吗？

顾客：有，这是我的预约信息。

接待人员：好的，我帮您确认一下。请这边坐，请问您有指定的洗护师和美发师吗？

顾客：有，××老师和××老师。

接待人员：好的，那请您稍等一下，我马上去帮您安排，好吗？

顾客：好的。

（帮顾客确定和安排洗护师和美发师。）

……

洗护师：您好，我是××洗护师，很高兴为您服务，我们先把衣服和随身物品存一下好吗？

顾客：好的。

洗护师：您的一件衣服和一个包存在了××号柜子里，这是钥匙，您收好。

顾客：好的。

洗护师：我先帮您穿上客袍，好吗？

顾客：好的。

洗护师：您请坐，我帮您围上毛巾和围布，您感觉松紧度合适吗？

顾客：可以。

洗护师

为您洗头发之前，我需要先了解您的头皮和发质状况，以便为您选择适合的洗护发产品。请问您是不是洗发后不久头发就容易出油呢？

是的。

洗护师

经过观察，您属于油性发质，接下来我会使用控油型洗发水为您洗发，好吗？

可以。

洗护师

（戴好口罩，并为顾客围好毛巾）请您慢慢躺在洗发椅上，您这样躺着脖子还舒服吗？

还行。

洗护师

现在开始为您洗头发。（先试水温）这个水温可以吗？

可以。

洗护师

烫发前只用洗发水为您洗头发，（揉搓头发）您感觉还舒服吗？这个力度可以吗？

可以。

洗护师

头发已经洗好，您可以坐起来了。这边请。

……

洗护师

这是今天为您烫发的××老师，现在由他为您服务。您想烫什么风格的发型或想吹什么造型，都可以告诉这位老师。

好的。

洗护师

稍后您需要洗发服务时随时叫我。

好的。

任务评价

在进行烫发洗发的过程中，应按照任务标准认真检查每一项工作内容，并做好记录。

烫发洗发任务评价表

项 目	标 准	评价等级	存在问题与解决方法
准备工作	① 工作环境干净整洁 ② 工具用品齐全，摆放整齐 ③ 个人卫生仪表符合工作要求	□ □ □	
服务规范	① 服务热情、周到 ② 礼仪与话术使用恰当 ③ 关注顾客感受，及时询问顾客意见	□ □ □	
操作标准	① 水温合适，头发全部冲湿 ② 服务流程正确，动作规范流畅 ③ 烫前洗发要减少头皮揉搓且不使用护发素 ④ 冲洗烫发剂操作规范，水分充分吸干 ⑤ 拆卷后洗发不得使用洗发水 ⑥ 烫后护发产品涂抹均匀，揉搓得当 ⑦ 冲水方法正确，冲洗干净 ⑧ 毛巾包裹头发松紧适度，不松落 ⑨ 能够在规定时间内完成任务	□ □ □ □ □ □ □ □ □	
收尾工作	① 洗发效果顾客满意 ② 工作区域恢复整洁 ③ 工具用品收放整齐	□ □ □	

注：关于评价等级，优秀为A，良好为B，达标为C，未达标为D。

任务三　染发洗发

情景引入

这天韩女士和朋友一起逛商场，逛了一圈之后两人去了近来很火的一家餐厅吃饭，饭后朋友有事先行离开。时间还早，所以韩女士打算去美发店染发。韩女士是中长头发，发色一直保持天然的黑色，平常生活中比较注意头发的护理，发质较好。她在手机上查到了附近评价较好的美发店，于是便来到店里，希望换一种适合自己而且比较亮的发色。

相关知识

一、染发对头发的影响

在染发过程中，染发剂中的碱性物质将头发最外层的毛鳞片打开，使氧化剂和着色剂通过毛鳞片打开的小孔进入头发内部的皮质层中；然后氧化剂将头发内部的原有色素漂白，着色剂同时给头发重新上色；最后使毛鳞片闭合，头发便染上了新颜色。

在染发过程中，毛鳞片极易脱落，从而会导致头发干枯、毛糙、缺乏水分。

染发前最好不要洗头的原因

二、染发洗发的特点

头皮每天都会分泌油脂，且油脂对头皮具有天然的保护作用。若染发前洗发，油脂被洗去后容易使得染发剂对头皮产生刺激，引起头皮过敏或头皮损伤。因此，若顾客选择做染发项目，通常先进行染发操作，待染发完成后再进行洗发。

三、染发剂乳化

染发剂乳化是染发洗发前的重要操作步骤。将染发剂均匀地涂抹在头发上并完成上色后，可先用少许温水将头发润湿，稀释染发剂，然后用手指轻轻按摩发际处的头皮和发根，使染发剂乳化。当染发剂和水完全融合后，再将头发彻底冲洗干净。乳化的目的是防止染发剂黏在头皮上，以免影响美观或伤害头皮。

染发剂完成乳化并冲洗干净后，应使用专用的色素稳定剂锁住色素粒子，防止褪色，修复发质，让头发染色后具有更好的质感和光泽度。

任务实施

一、接待与沟通

(1) 细心接待，引领顾客进店，询问服务需求。

(2) 了解顾客发质状况及有无过敏史等，针对顾客需求进行沟通交流，选择染发颜色、染发产品及洗护发产品，确定本次服务流程。

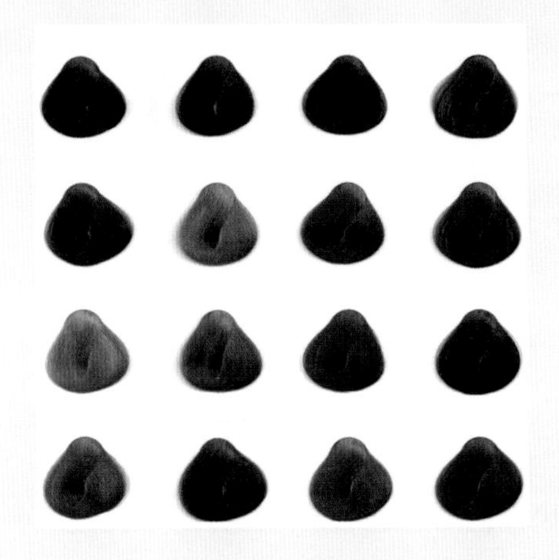

(3) 为顾客存储随身物品和衣服，告知其具体件数及存放位置，并将钥匙交到顾客手中。

二、洗发流程

1. 洗发准备

(1) 将顾客请至美发椅坐好，然后为顾客围好毛巾、垫上围布。

(2) 观察顾客的发质与发量状况，用气垫梳将顾客的头发梳理通顺，根据顾客发量调配染发剂。

(3) 将染发剂均匀地涂抹在头发上，并使其达到预期的上色效果。

(4) 引领顾客转移至洗发室，轻轻托住顾客肩颈部，让顾客慢慢躺在洗发椅上，同时询问顾客是否舒适。

2．洗发操作

(1) 测试水温。慢慢打开喷头开关，调节水温和水压，待水温调试好后，将水龙头关小。

(2) 染发剂乳化。向头发上喷淋少量温水后，用五指轻揉头皮，直至头发上的染发剂全部乳化为黏稠糊状。然后依次揉搓前发际线、两鬓与耳朵周围、头顶、枕部、后发际线、发中与发尾，清除头皮上残留的颜色痕迹。

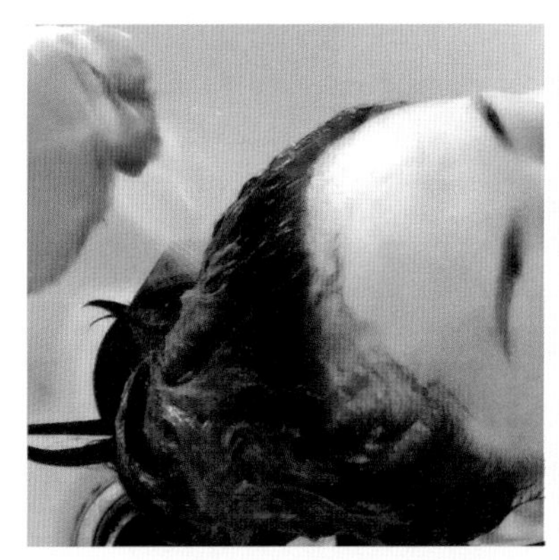

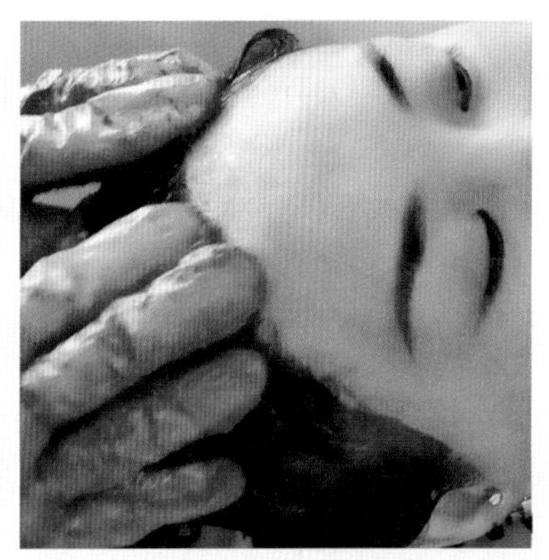

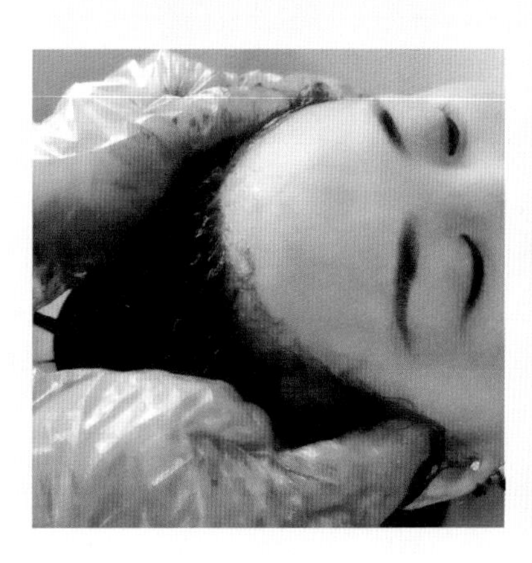

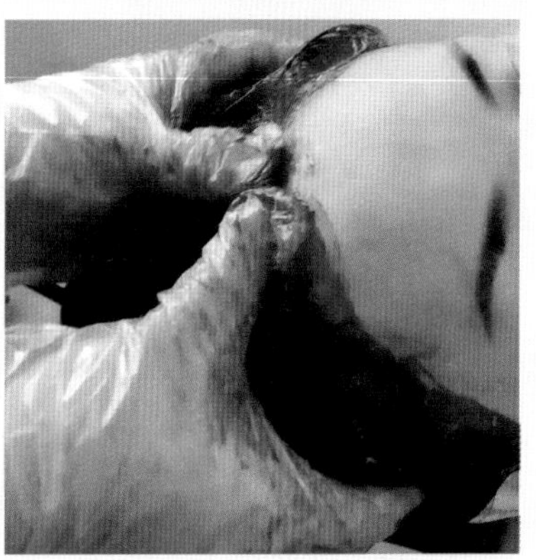

乳化与冲洗

技能小技巧

① 不能喷淋太热的水，水温过高会加速染发剂中碱性物质的反应，损伤头发，建议水温在30℃～35℃。

② 要求揉搓动作平稳、力度适中，力度过大会伤及头皮，给顾客带来刺痛感。

③ 揉搓发际线处的头发时，应注意不要将染色剂粘到发际线以外的皮肤上。

(3) 冲洗染发剂。

01

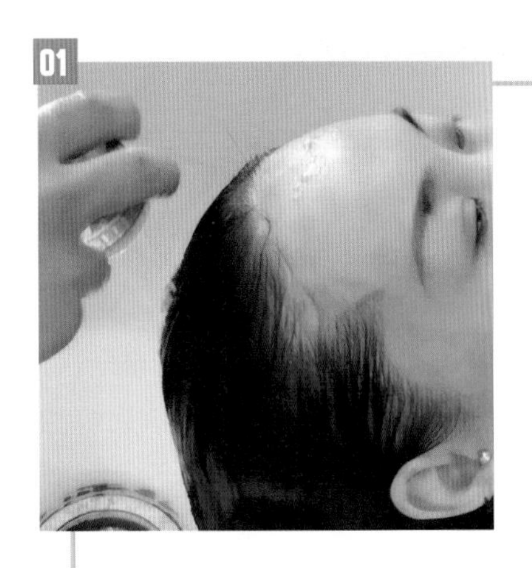

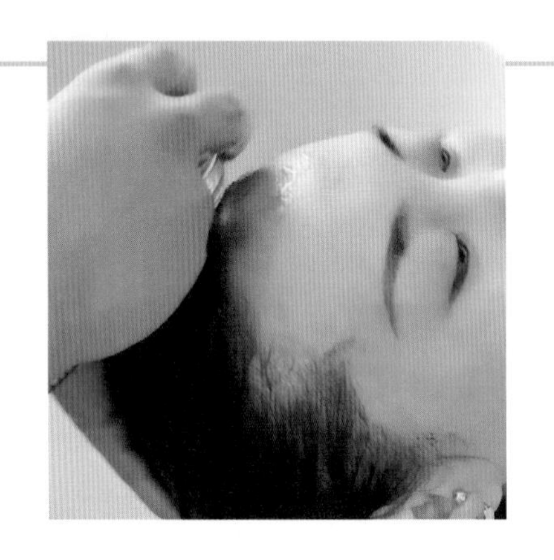

冲洗前发际线与头顶。洗净双手，同时冲掉洗发盆内的染发剂，调节好喷头出水后，从前发际线开始冲水，将头顶的染发剂冲洗干净。

技能小技巧

手指可以插入头发中抖动，把头发内部的染色剂充分冲掉。冲水温度不宜过高，水温过高会影响染色效果。

02

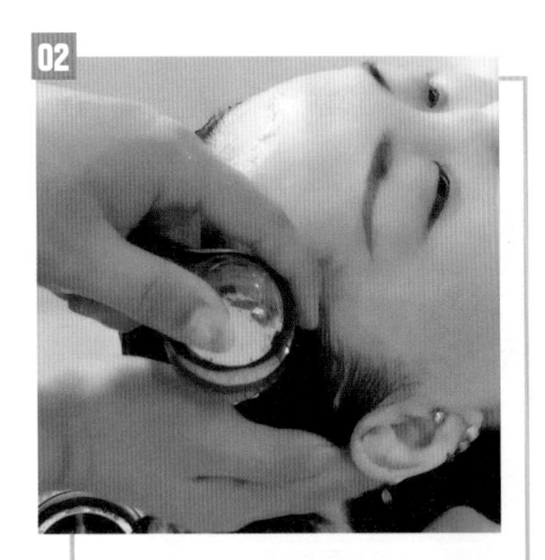

冲洗两鬓与耳朵周围。冲水时，应注意检查两鬓、耳上及耳后是否有残留的颜色痕迹，并用手挡住耳朵，避免水流入耳内。

技能小技巧

如果头皮上有残留的颜色痕迹，可用沾有去色剂的纸巾将痕迹擦拭干净。

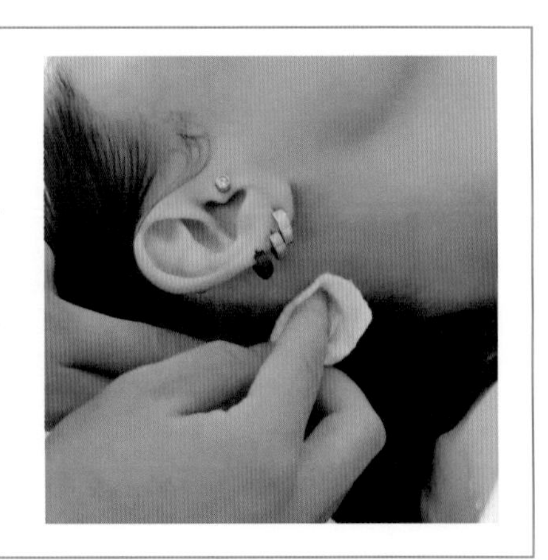

03

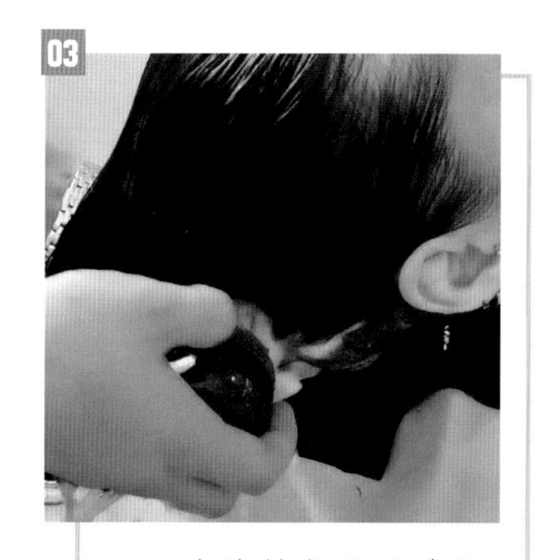

冲洗枕部及后发际线。让顾客将头枕在自己手上，头稍微向一侧倾斜，着重冲洗枕部及后发际线的头皮与发根，将残留的颜色痕迹彻底冲洗干净。

技能小技巧

枕部至后发际线是最难清洗的部位，冲洗时可示意顾客将头向一侧稍微倾斜，有助于洗护师更好地观察后部发区的清洁情况。

礼仪与话术

请您将头枕在我手上，将头向一侧稍微倾斜一下。

04

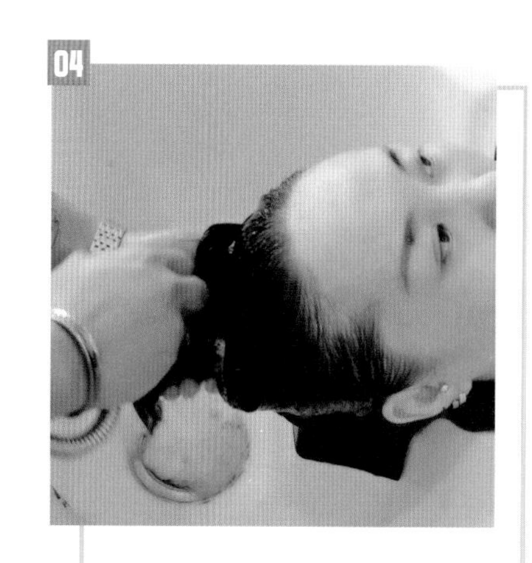

冲洗发中与发尾。将发中与发尾提起，用水冲洗头发上的浮色，注意观察头发中所流出的水的颜色，直至水变清澈。

（4）用染后专用洗发水洗发。取适量染后专用洗发水，双手揉出泡沫后涂抹在头发上，用指腹轻轻揉搓头皮与发根，依次揉搓前后发际线、两鬓与耳周、头顶与枕部、发中与发尾等，清洗残留的染发剂，最后用温水将泡沫冲洗干净。

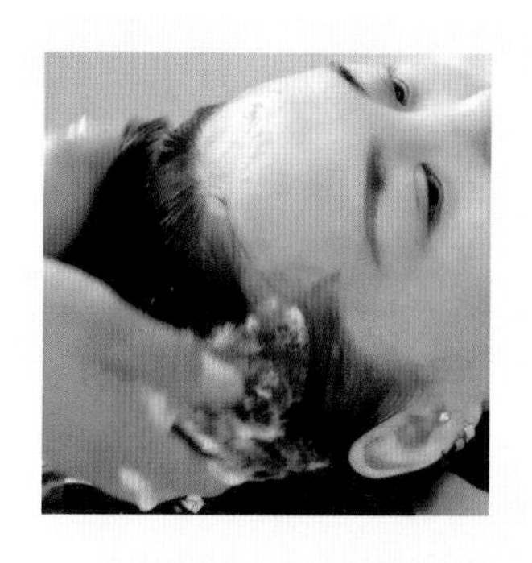

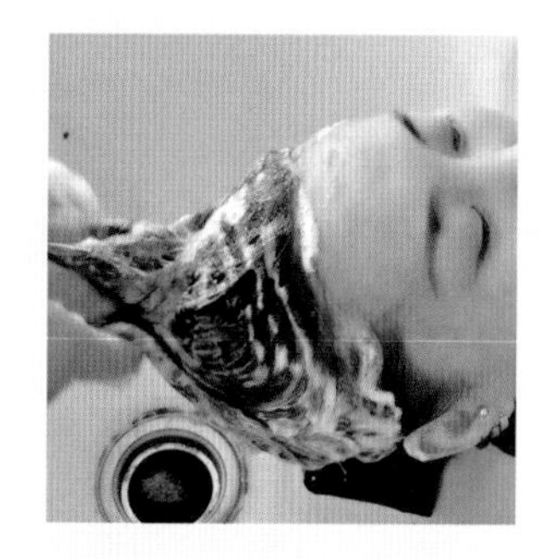

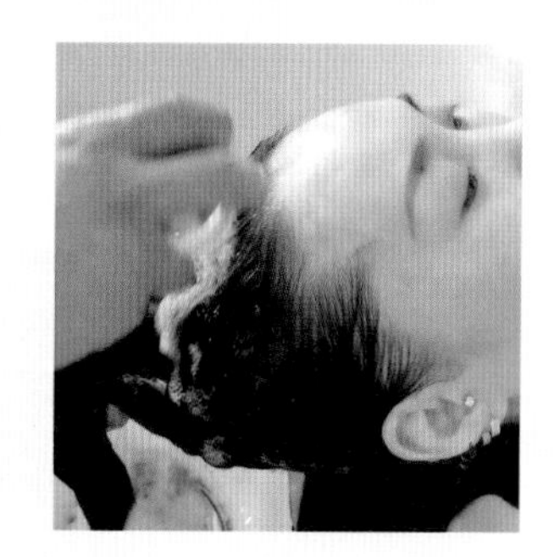

用染后专用洗发水洗发

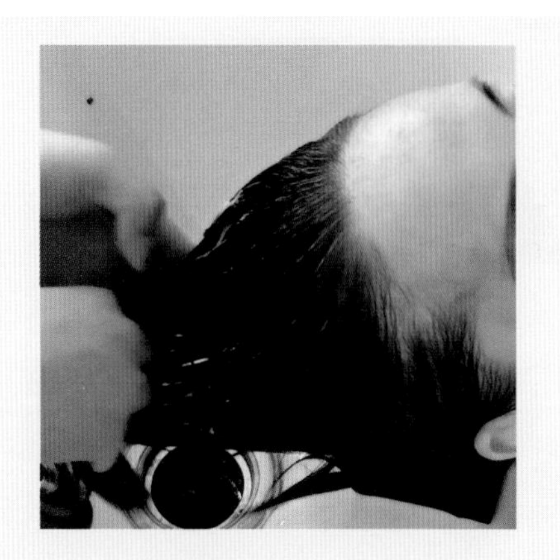

（5）用染后专用护发素护发。将染后专用护发素均匀地涂抹在头发上，轻轻揉搓，并让护发素在头发上停留2～3 min，使之充分发挥作用，最后将头发彻底冲洗干净。

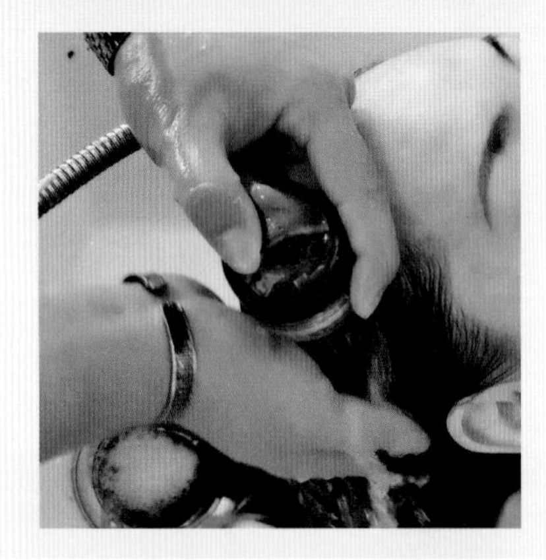

用染后专用护发素护发

（6）完成洗发。用毛巾擦发与包发，辅助顾客坐起，引领其回到美发椅坐好，将顾客转交给美发师，进行吹风造型。

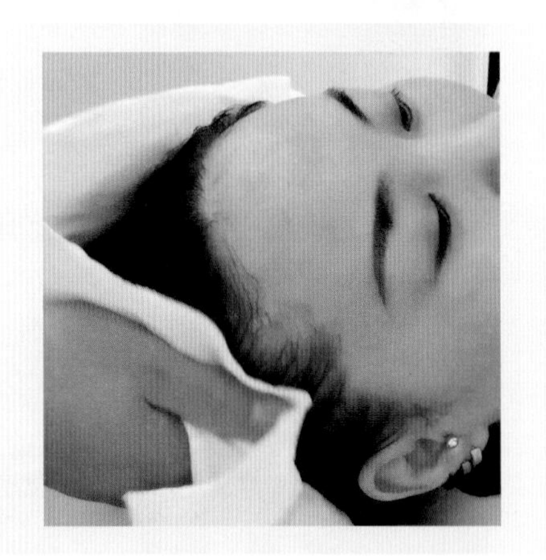

三、收尾工作

（1）征求顾客意见，询问顾客是否还有其他需求，确定服务完成且顾客满意后，协助顾客脱掉客袍，整理好衣领。

(2) 引领顾客结账，将顾客送至门口。

(3) 将用过的客袍、毛巾等放到指定位置，做到一客一换。按要求迅速整理工具用品和工作环境，为下一次服务做好准备。

课堂小剧场

您好，欢迎光临，请问您今天需要什么服务？

想换个发色体验一下。

请问您有预约吗？

没有。

我先把您的随身物品存一下好吗？

好的。

接待人员：您的包存在了××号柜子里，这是钥匙，您收好。

好的。

接待人员：那请您稍等一下，我马上去帮您安排，好吗？

好的。

……

美发师：您好，我是今天为您服务的美发师，请问您想染什么颜色呢？这是发色卡，您选一下。

好的。

美发师：您有没有对一些洗护发产品的过敏史呢？

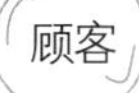

没有。

美发师：经过刚才对您头发的观察，您属于中性发质，我们会选择适合您的染发产品和洗护发产品。

好的。顾客

美发师：我先帮您穿上客袍，好吗？

好的。

美发师：您请坐，我帮您围上毛巾和围布，您感觉松紧度合适吗？

可以。

美发师：现在开始为您上染发剂。

好的。

……

洗护师：您好，这边请。请您慢慢躺在洗发椅上，您这样躺着脖子还舒服吗？

还行。

洗护师：现在开始为您洗头发。冲洗之前需要揉搓头发对染发剂进行乳化，这个力度可以吗？

可以。

洗护师：现在开始为您冲洗头发，为了防止损伤头发，水温可能略微偏低，您感觉还好吗？

还行。

洗护师：请您将头枕在我手上，将头向一侧稍微倾斜一下。

好。

洗护师：头发已经洗好，您可以坐起来了，这边请。现在由美发师为您吹风造型。

……

美发师：请问您对头发的上色效果和今天的服务满意吗？

还行。

美发师：请问您还有其他需求吗？

没有了。顾客

美发师：您请这边结账。

……

洗护师：欢迎下次光临！再见！

再见。

任务实施

在进行染发洗发的过程中，应按照任务标准认真检查每一项工作内容，并做好记录。

染发洗发任务评价表

项　目	标　准	评价等级	存在问题与解决方法
准备工作	① 工作环境干净整洁	□	
	② 工具用品齐全，摆放整齐	□	
	③ 个人卫生仪表符合工作要求	□	
服务规范	① 服务热情、周到	□	
	② 礼仪与话术使用恰当	□	
	③ 关注顾客感受，及时询问顾客意见	□	
操作标准	① 水温合适，头发全部冲湿	□	
	② 服务流程正确，动作规范流畅	□	
	③ 染发剂充分乳化	□	
	④ 冲水方法正确，染发剂冲洗干净	□	
	⑤ 头皮上无残留的颜色痕迹	□	
	⑥ 用染后专用洗发水清洗	□	
	⑦ 将头发上的浮色冲洗干净	□	
	⑧ 护发素涂抹均匀，揉搓得当	□	
	⑨ 毛巾包裹头发松紧适度，不松落	□	
	⑩ 能够在规定时间内完成任务	□	
收尾工作	① 洗发效果顾客满意	□	
	② 工作区域恢复整洁	□	
	③ 工具用品收放整齐	□	

注：关于评价等级，优秀为A，良好为B，达标为C，未达标为D。

任务四 美发按摩洗发

情景引入

杨先生是一名程序员，平时工作很忙，经常加班，工作压力也比较大，有时会感到头痛和疲劳。最近网上总有一些关于长期加班导致发量减少、发际线后移的消息，虽然杨先生现在发量充足，但他仍有些担心，于是决定要积极调整心态，适当缓解工作压力。最近刚忙完一个项目，杨先生下班较早，他来到美发店，选择美发按摩洗发来清洗头发、按摩头皮并放松心情。

相关知识

一、美发按摩的作用

在中医领域中，按摩是医生对某些疾病采取的一种治疗方法，如今该方法被美发行业所采用，并深受顾客欢迎。按摩主要利用各类手法作用于人体穴位，起到打通经络、平衡阴阳、调理脏腑的作用。头部和肩颈部分布着许多穴位，在洗发过程中，对头部和肩颈部进行正确按摩，可以改善血液循环、减轻头痛症状，起到理气提神、聪耳明目、消肿止痛、解除疲劳等作用。

二、美发按摩的穴位与手法

要掌握美发按摩技术，首先应了解头部、颈部、肩部的主要穴位以及常用的按摩手法，再通过系统的实操练习，才能做到取穴准确、手法到位、力度适中、动作连贯，从而为顾客提供更好的服务体验。

技能小技巧

在按摩取穴时，通常采用指量法确定穴位位置。

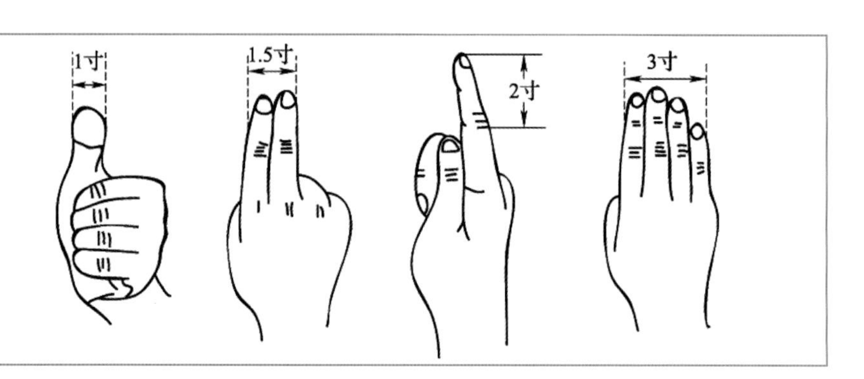

1. 常用穴位位置与作用

美发按摩常用穴位位置与作用如下表所示。

美发按摩常用穴位位置与作用

穴位		位置	作用
头部	太阳	位于头部两侧，眉梢和外眼角中间向后1寸左右的凹陷处	主治头痛、眼睛疲劳等，可起到醒脑、提神、明目、止痛的作用
	头维	位于额角发际上0.5寸处	主治头痛、目痛、多泪等
	脑空	位于枕外隆凸上缘外侧，头正中线旁开2.25寸处	主治头痛、眩晕、惊悸等
	百会	位于头顶正中线与两耳尖连线的交叉处	主治头痛、眩晕、休克等
	率谷	位于耳尖上入发际1.5寸，咀嚼时有牵动处	主治偏头痛、眩晕、耳鸣等
	上星	位于前发际线正中直上1寸处	主治头痛、目赤肿痛、鼻塞等
	卤会	位于前发际线正中直上2寸处	主治头痛、眩晕、鼻塞等
	风池	位于后颈部枕骨下缘，两条大筋外缘的凹陷处，与耳垂平齐	主治头痛、感冒、颈部酸痛、落枕等
	风府	位于后发际正中直上1寸处	主治头痛、眩晕、咽喉肿痛等，可起到疏风通络、散热吸湿的作用
	目窗	位于前发际线上1.5寸，头正中线旁开2.25寸处	主治头痛、目眩等，可起到祛风消肿、清头明目的作用
	正营	位于前发际线上2.5寸，头正中线旁开2.25寸处	主治头痛、目眩等，可起到吸湿降浊的作用
	头临泣	位于瞳孔直上入前发际线0.5寸处	主治头痛、目眩、目赤痛等
肩颈部	大椎	位于颈部下端，第七颈椎棘突下凹陷处	主治头痛、中暑、肩背痛等
	肩井	位于大椎与肩峰端连线的中点处	主治肩背痹痛、上肢不遂、颈项强痛等
	肩髃	垂肩时，位于锁骨肩峰端前缘直下约2寸处	主治肩臂痛、手臂挛痛等
	肩外俞	位于背部第一胸椎棘突下，后正中线旁开3寸处	主治肩胛疼痛，可以起到舒筋活络、祛风止痛的作用
	天宗	位于肩胛骨冈下窝中央，即肩胛冈中点下缘1寸处	主治肩胛疼痛等，可以起到散风、舒筋、止痛的作用
	缺盆	位于人体的锁骨上窝中央，前正中线旁开4寸处	主治肩膀酸痛、气喘等

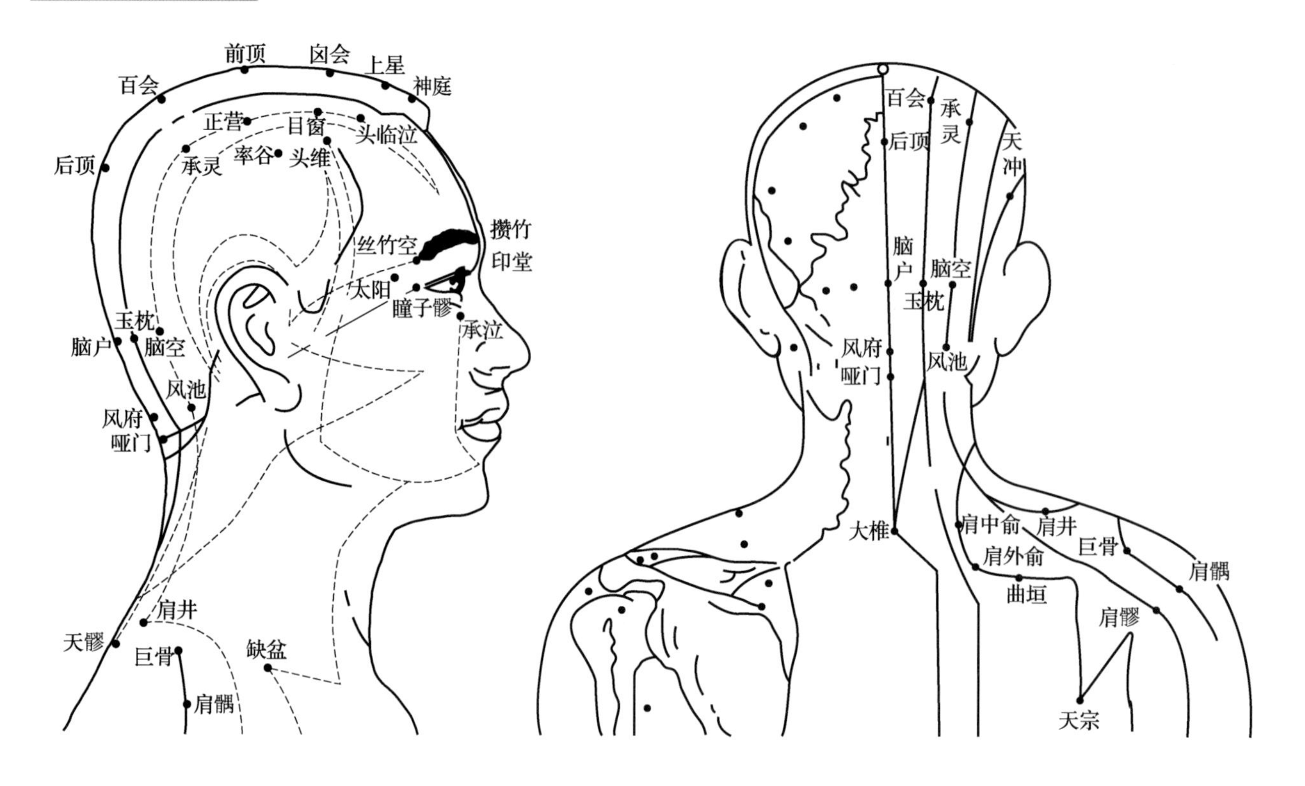

2. 常用的美发按摩手法

（1）按法

用手指螺纹面或偏峰着力于某穴位上，用力向下按压，包括拇指按、五指按、掌按。

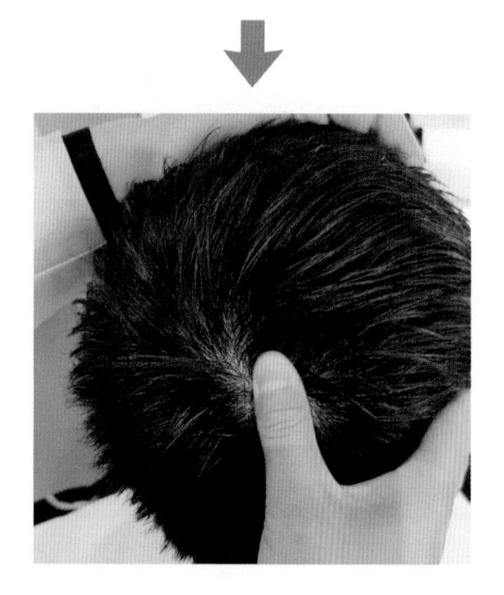

（2）揉法

用手掌或指腹轻柔缓和地做直线滑动或回旋打圈移动。操作时，要求腕部放松，指掌自然伸直，动作协调而有节奏。

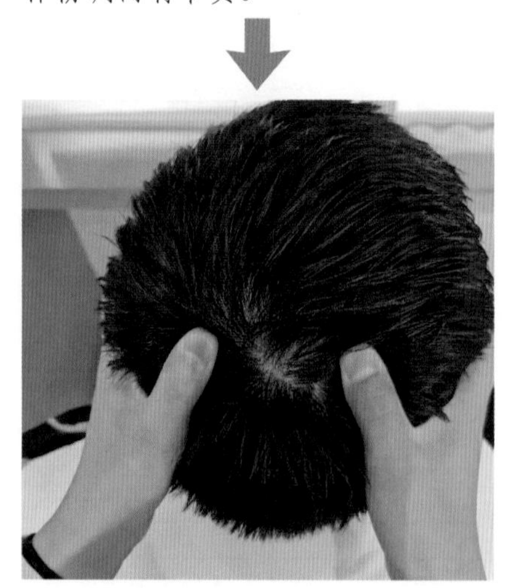

（3）拿捏法

用拇指和其他手指揉捏肌肉，或用手掌和手指抓取和挤压肌肉。操作时，要求重而不滞，力度适中柔和。

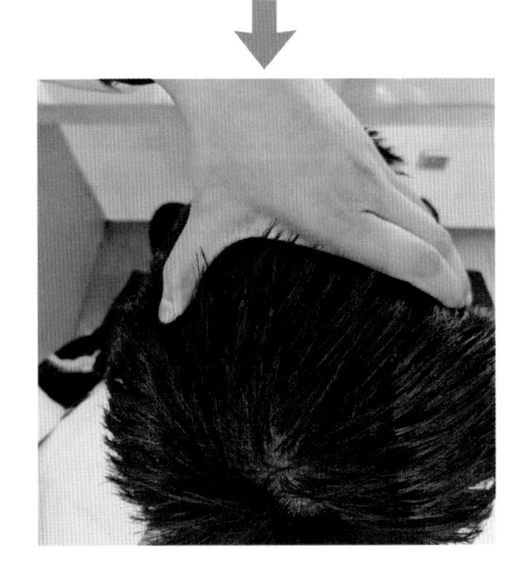

（4）掌扣法

手掌呈空心状，有节奏地叩击某部位，一般用于肩背部按摩。

（5）啄法

五指收拢呈梅花状，用腕力带动手指上下移动，使指腹前端有节奏地在头部轻啄。

（6）梳理法

五指张开并自然弯曲，指腹接触皮肤，向后推按。

三、美发按摩的注意事项

（1）按摩动作要有节奏感，用力平稳、动作缓慢、轻重适宜。

（2）按摩时，手法运用要灵活自如，保持与顾客沟通，注意观察顾客感受。

（3）一般一个穴位应揉10～15圈，按压10 s左右，并重复3～5遍。

（4）指甲长度应适中，手上不可佩戴任何饰品，以免损伤顾客头皮。

（5）对于存在一些禁忌症状的顾客，应谨慎或停止按摩。

技能小技巧

用力应由小到大，直到顾客能接受的最大力度时略微停留3～5 s，再慢慢恢复到用力最小的状态。

温馨小贴士

美发按摩的禁忌症状包括以下几种。

（1）头皮或肩颈部位有皮肤病、肿瘤或炎症等。

（2）高烧者，患有精神病或精神不稳定者，醉酒者。

（3）患有严重高血压或心脏、肺、肝等重要器官疾病者。

（4）患有出血性疾病或有出血倾向者，如血小板减少、恶性贫血、白血病等。

任务实施

一、接待与准备

（1）细心接待，针对顾客需求进行沟通交流，给出适当建议，确定本次服务流程。

（2）协助顾客换好客袍，然后准备好洗发水、洗头瓶、毛巾、发梳等坐式洗发的工具用品，并放在方便取用的位置。

(3) 请顾客坐到美发椅上，围好毛巾，保护好顾客衣领。

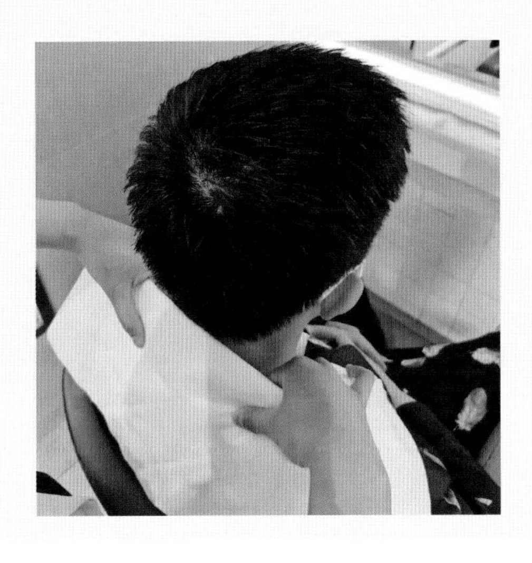

技能小技巧

围毛巾时，可将毛巾在颈前呈“∞”字铺平。

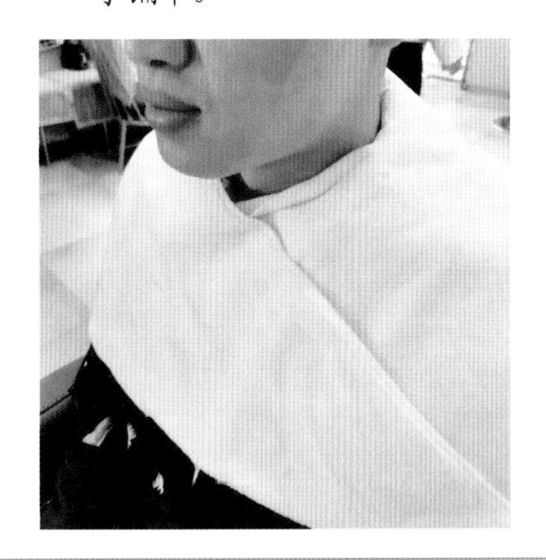

(4) 将顾客的头发梳理通顺，同时观察顾客头发与头皮的状况，然后与顾客确认洗护发产品。

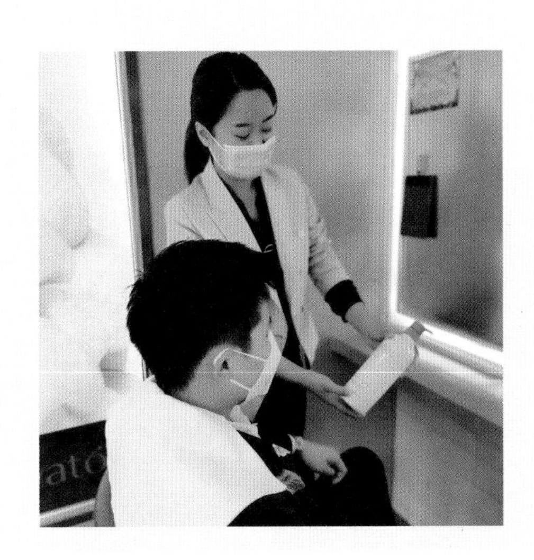

温馨小贴士

如果顾客头皮上有明显的伤口，则不能进行洗发按摩项目。

二、洗发流程

根据顾客要求，为顾客提供坐式洗发服务。

(1) 开沫。洗护师站在顾客后面，将洗发水在掌心涂抹均匀，一手持洗头瓶慢慢在头顶喷水，另一只手在头顶喷水处打圈，直至打出丰富的泡沫。

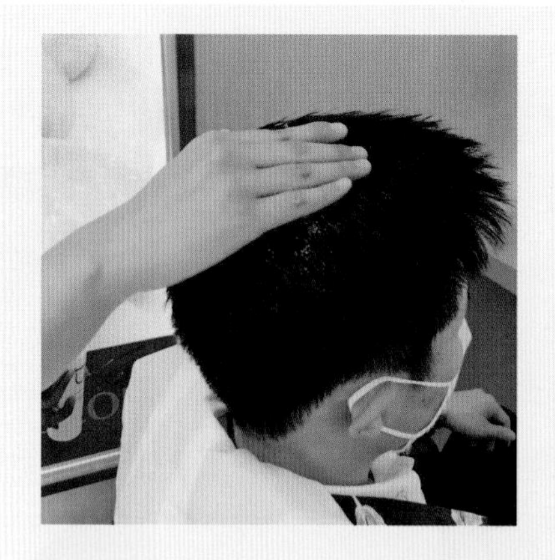

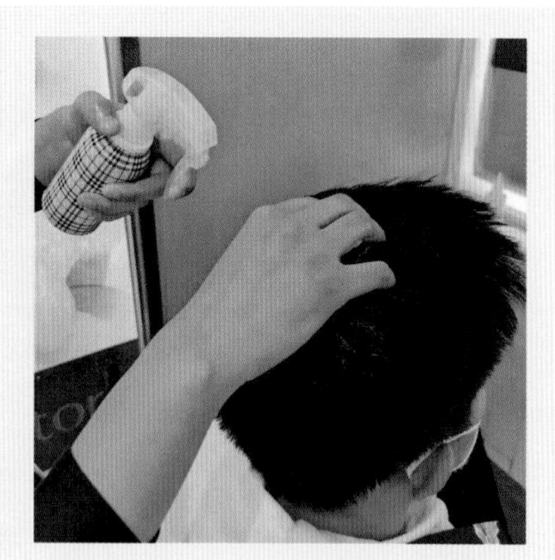

开沫与揉搓

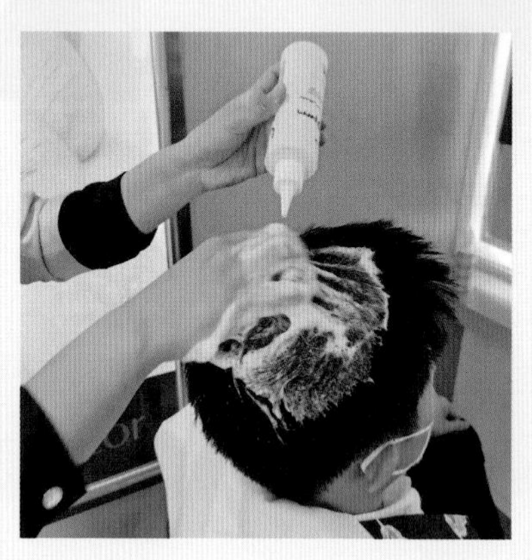

技能小技巧

操作时，要慢慢喷水，避免水或泡沫滴流下来。

(2) 揉搓头发。

手势：拇指与其余四指分开，其余四指的第一、第二关节弯曲，腕关节要灵活，用指腹轻轻揉搓头皮。

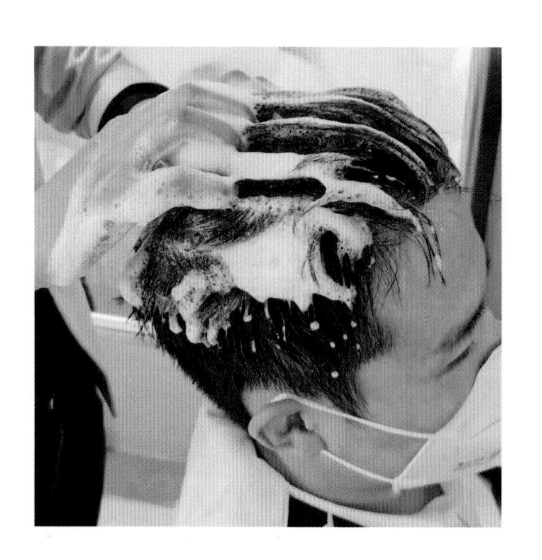

01

洗护师站在顾客后方，从前发际线处开始清洗，将发际线处的头发向后拢，然后从前发际线向头顶进行揉搓。

02

用中指着重揉搓两鬓，然后从两鬓向耳朵上部及头顶进行揉搓。

03

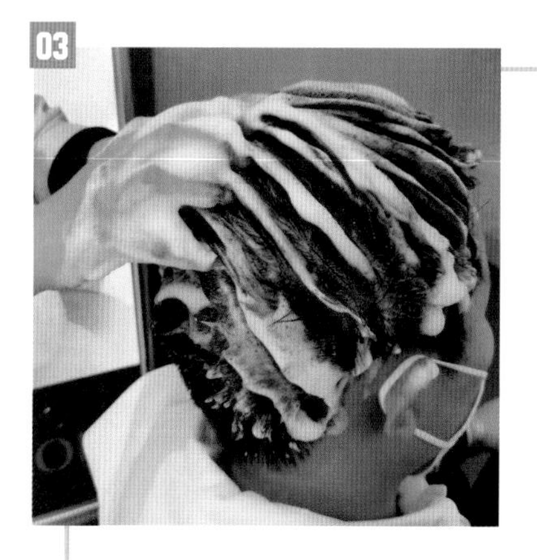

洗护师移动至顾客侧后方，一只手稳定住顾客头部，另一只手依次从耳后向头顶、从后发际线向头顶揉搓。然后再移动至另一侧，交换双手，揉搓另一侧的头发。

04

洗护师移至顾客后方，揉搓头顶与枕部。

05

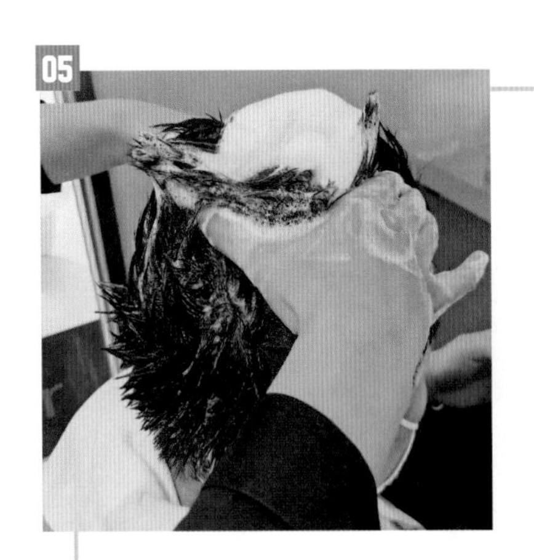
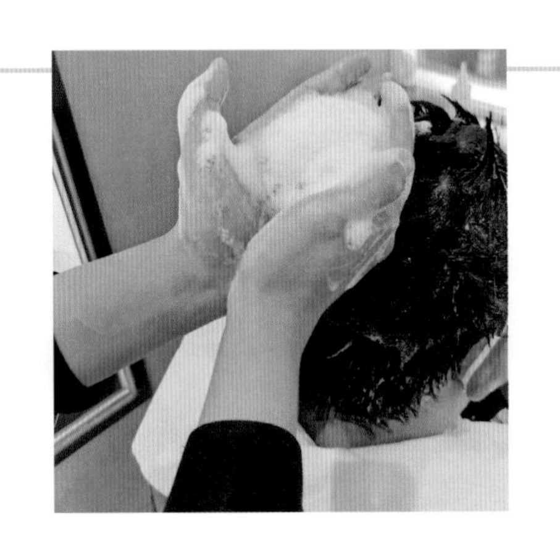

头发洗干净后，双手将多余的泡沫捧走。

技能小技巧

若顾客为长发，则应将头发绕在头顶，然后将多余泡沫捧走。

06

如果头发没有洗干净，可再洗一遍。

（3）冲洗头发。将顾客引领至洗发室，协助顾客躺在洗发椅上。将水温调试到合适的温度，一只手拿住喷头，从前发际线开始冲水，另一只手协助并抖动头发，将头发上的泡沫全部冲洗干净。如有需要，可再冲洗一遍。

冲洗与护发

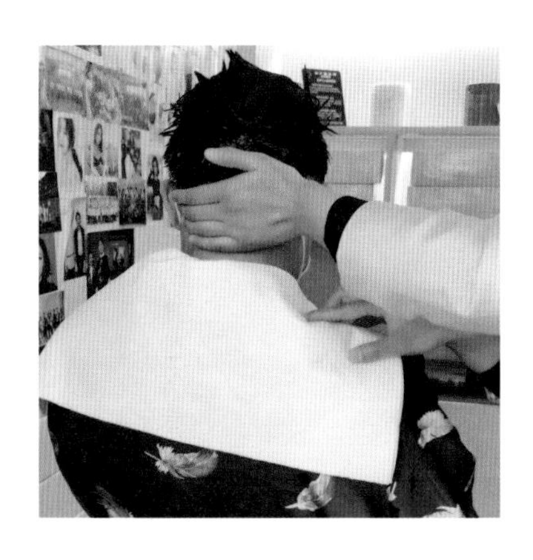

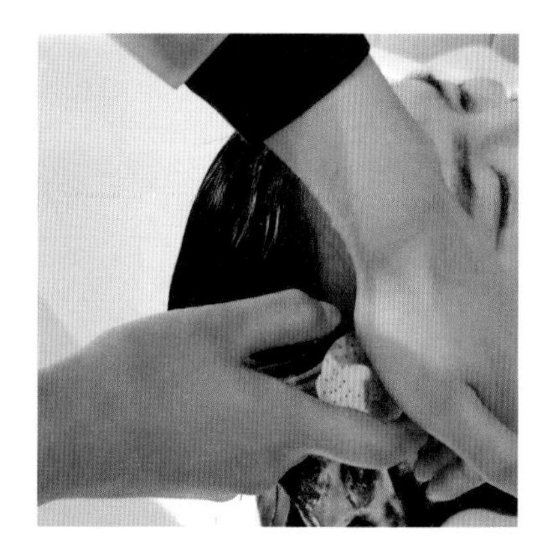

(4) 使用护发素。取适量护发素放在手掌上揉匀，然后涂抹在发丝上，轻轻揉搓2～3 min，再用温水将护发素冲洗干净。

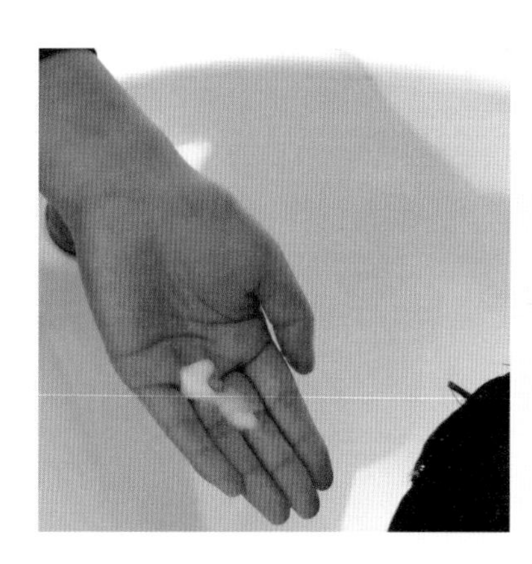

(5) 完成洗发。轻轻挤出头发中的水分，用毛巾擦去前发际线及耳周的水迹，然后将头发完全包住，协助顾客坐起，并引领顾客回到美发椅。

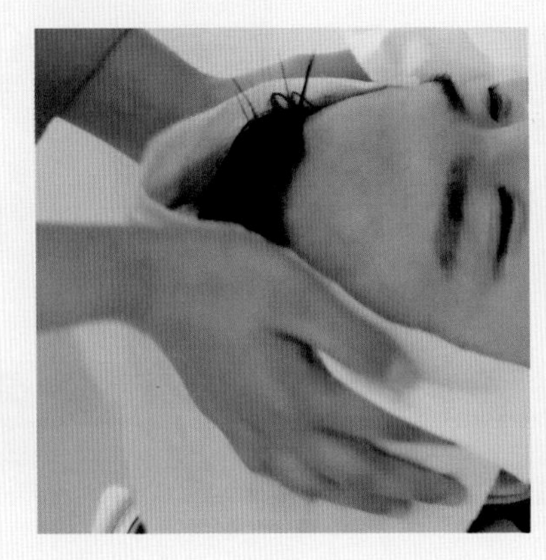
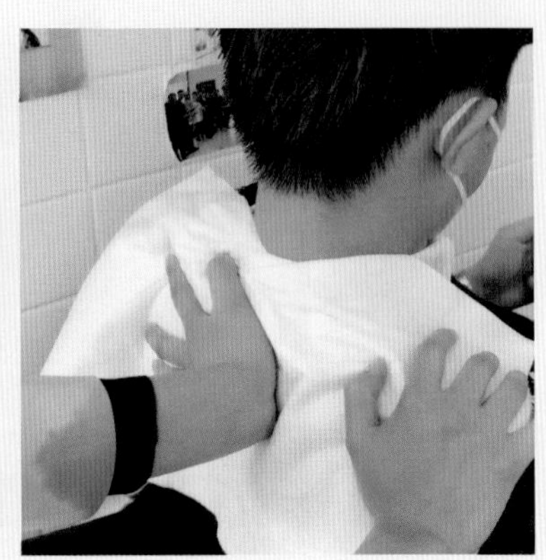

三、美发按摩

1. 头部按摩

(1) 第一节：按摩脑空穴、太阳穴、头维穴、上星穴、囟会穴。

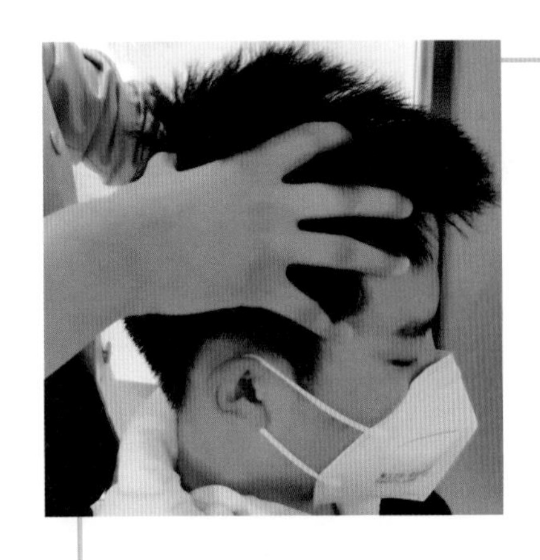
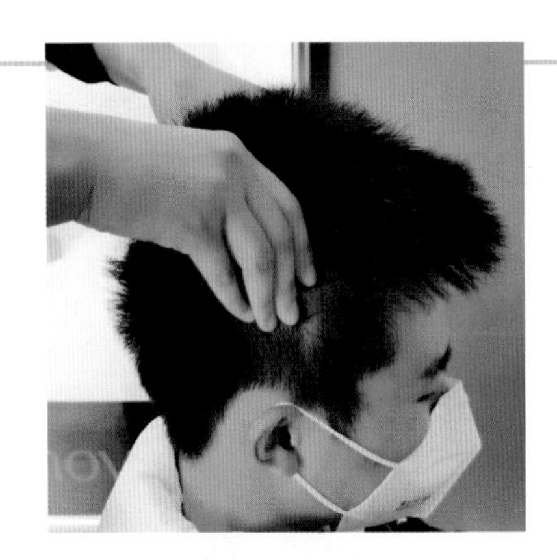

美发按摩

①双手拇指在脑空穴揉10～15圈，然后拇指向上推至百会穴两侧，其余四指移至率谷穴。

②四指并拢向前打圈揉至太阳穴，小拇指按住不动；其余三指继续打圈揉至头维穴，无名指按住不动；中指和食指继续向上，分别停在上星穴、囟会穴。

③四指同时在穴位上揉10～15圈，然后稍用力按压。

④食指、中指、无名指依次向下滑动至与小拇指并拢，然后四指一起滑至率谷穴。

(2) 第二节：按揉太阳穴、风池穴。拇指按风池穴，中指按太阳穴，双手同时揉10～15圈，然后再按压10 s左右。

温馨小贴士

在进行第一、第二节时，洗护师应站在顾客后面。

(3) 第三节：按揉风府穴。一只手放在前额稳住头部，另一只手拇指在风府穴揉10～15圈，然后再按压10 s左右。

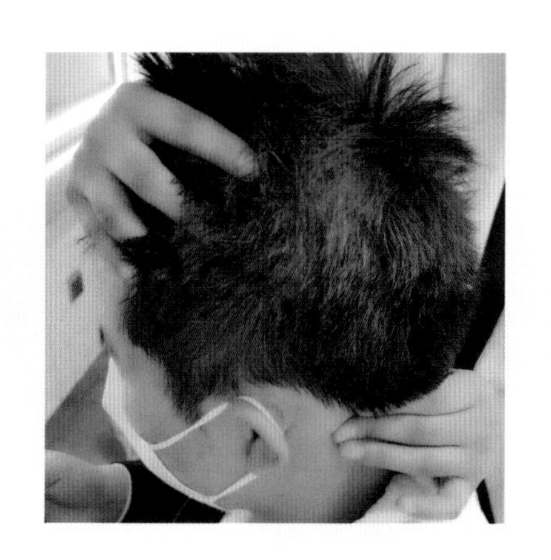

温馨小贴士

在进行第三节时，洗护师应站在顾客侧面。

(4) 第四节：按揉头临泣穴、目窗穴、正营穴。双手无名指、中指、食指分别放在头临泣穴、目窗穴、正营穴三个穴位上，揉10～15圈，然后再按压10 s左右。

(5) 第五节：掐切三条线。双手拇指指端依次掐切正中线、头维穴到脑空穴、太阳穴到风池穴。

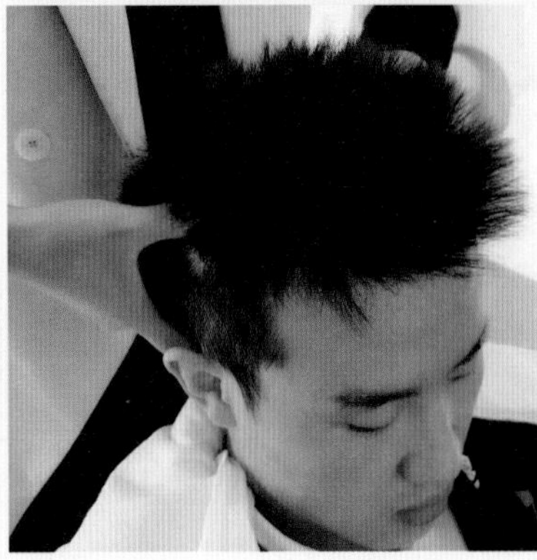
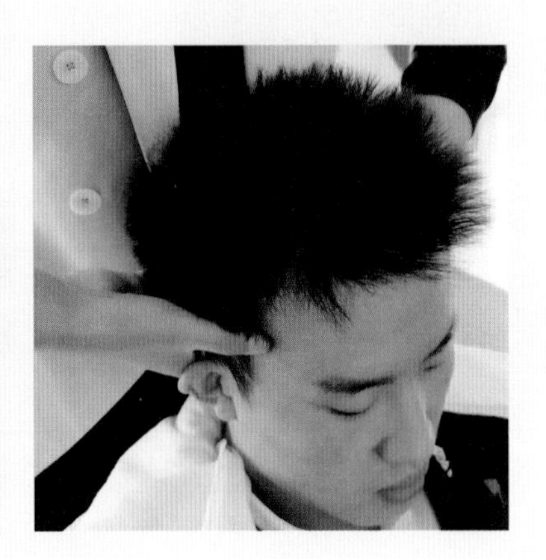

技能小技巧

掐切法是利用手指顶端甲缘着重刺激穴位，一般多用拇指顶端甲缘施力，也可用拇指与其余各指顶端甲缘相对夹持穴位进行施力。

(6) 第六节：梅花啄法。双手五指收拢成梅花形，用手指前端在头上用腕力实施啄法。

经验传承

在用梅花啄法按摩时，应注意百会穴不宜反复用力敲。

温馨小贴士

在进行第四、第五、第六节时，洗护师站在顾客后面。

（7）第七节：拿捏全头。

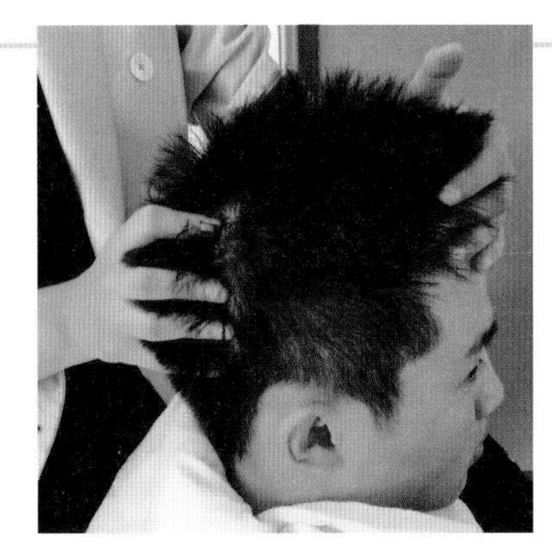

①洗护师站在顾客后面，双手五指尽量张开，放在头顶拿捏头皮5～10次。
②洗护师站在顾客左侧，左手稳住头部，右手在枕部拿捏头皮5～10次。
③洗护师站在顾客右侧，右手稳住头部，左手在枕部拿捏头皮5～10次。

（8）第八节：梳推头部。洗护师站在顾客侧面，一只手从后面稳住头部，另一只手张开手指成爪形，从前发际线开始用五指指腹贴近头皮向后梳推至枕部5～10次。

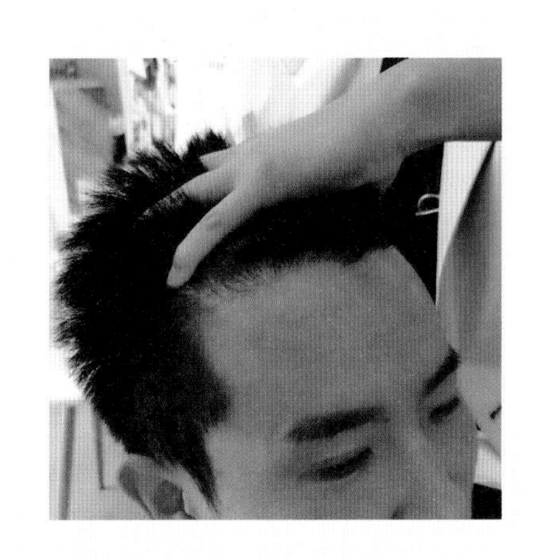

技能小技巧

按摩动作要连贯，双手不可同时离开头部，做到力度大小适中、频率适中、由轻到重，并随时注意顾客的感受。

2．肩颈部按摩

（1）第一节：拿捏颈部。洗护师站在顾客侧面，一只手扶住顾客前额稳住头部，另一只手拇指与其余四指分开，依次按揉风池穴与拿捏颈部肌肉。

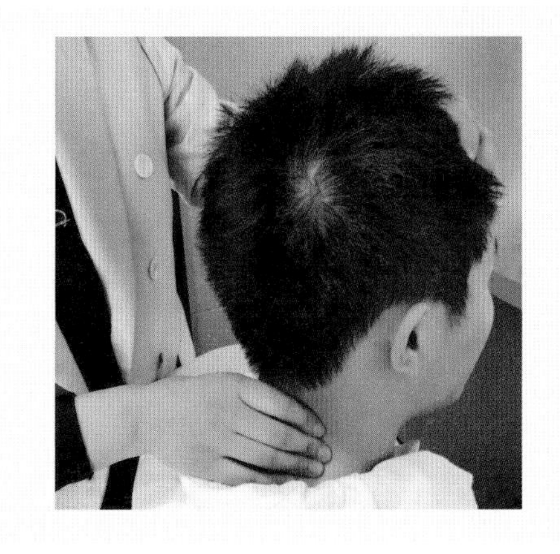

（2）第二节：按揉肩井穴、肩外俞穴、天宗穴、缺盆穴。用拇指指腹依次按揉肩井穴、肩外俞穴、天宗穴、缺盆穴四个穴位，每个穴位按揉10～15圈。

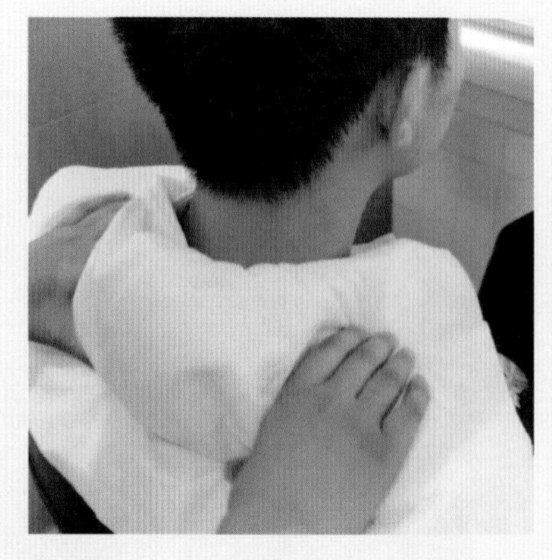

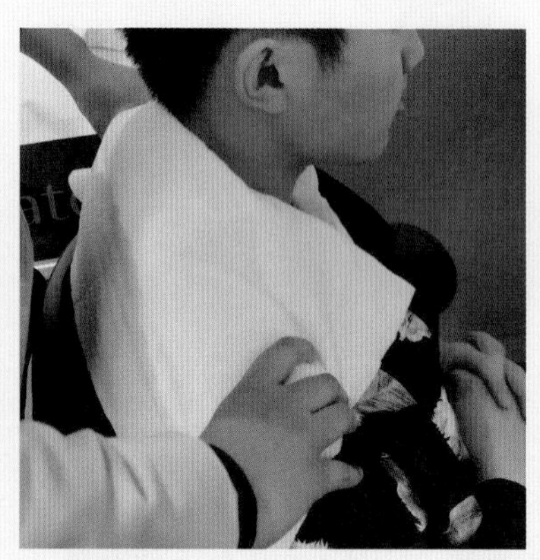

（3）第三节：拿捏肩井穴至肩髃穴。双手分别在两侧从肩井穴拿捏至肩髃穴，并注意力度适中。

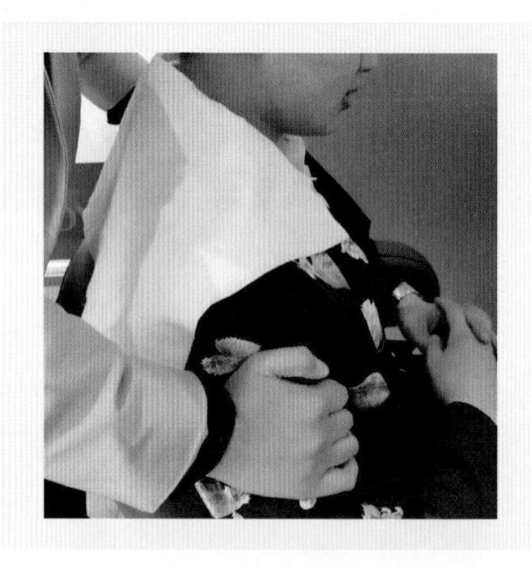

（4）第四节：滚动按摩肩颈。用手掌外侧小鱼际在颈根至肩峰的位置滚动按摩。

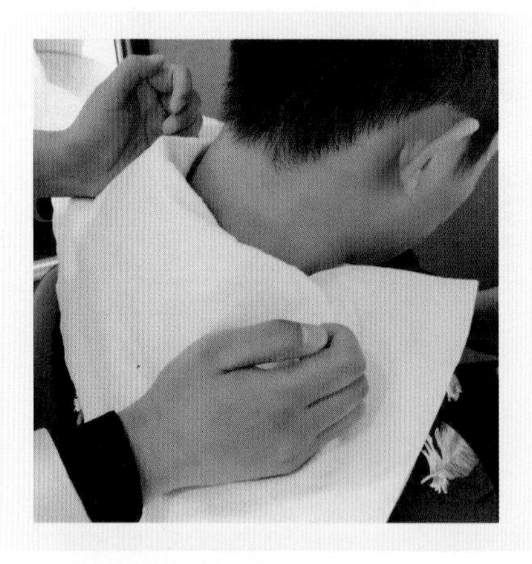

温馨小贴士

小鱼际位于小拇指根部到手掌根部的区域，主要起控制小拇指运动的作用。

（5）第五节：按揉肩部。一只手掌心贴于顾客肩前侧，另一只手掌心贴于顾客肩后侧，夹紧肩部，相对用力一前一后交替按揉，然后换另一侧。

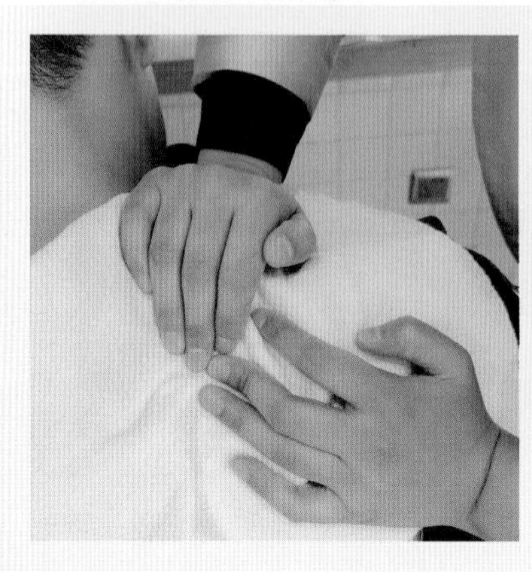

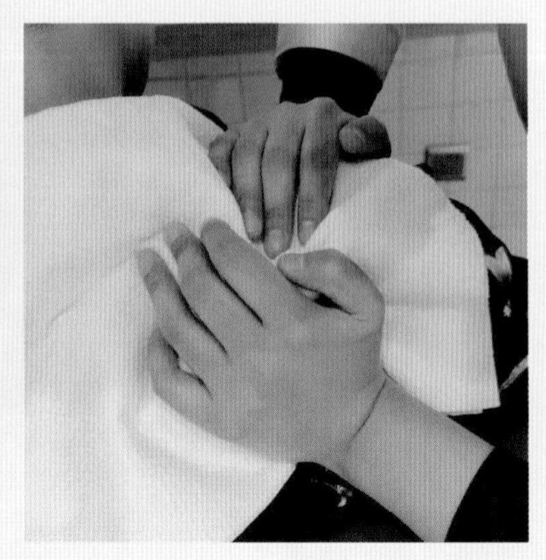

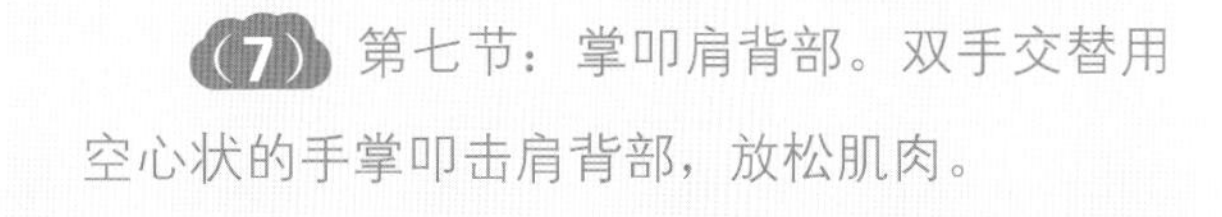

(6) 第六节：按揉大臂。一只手托住顾客手臂，另一只手由肩向下按揉大臂肌肉，然后换另一侧。

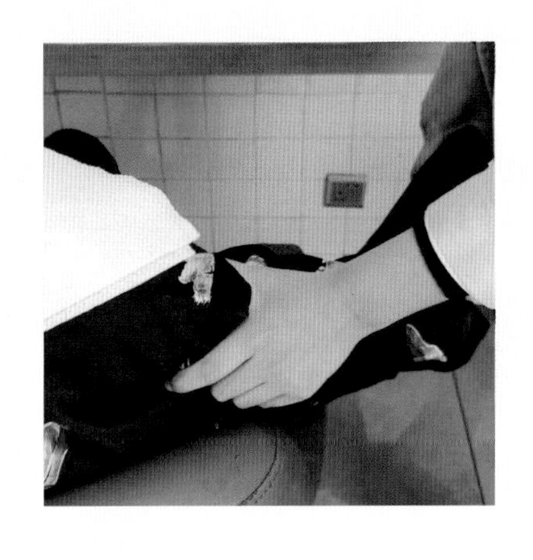

(7) 第七节：掌叩肩背部。双手交替用空心状的手掌叩击肩背部，放松肌肉。

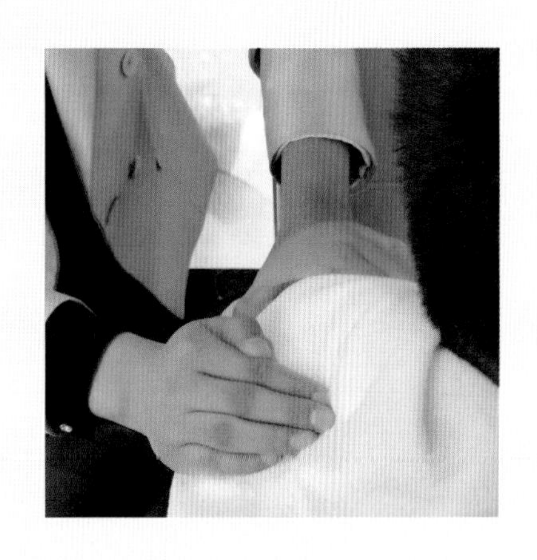

四、收尾工作

(1) 征求顾客意见，询问顾客是否还有其他需求，确定服务完成且顾客满意后，协助顾客脱掉客袍，整理好衣领。

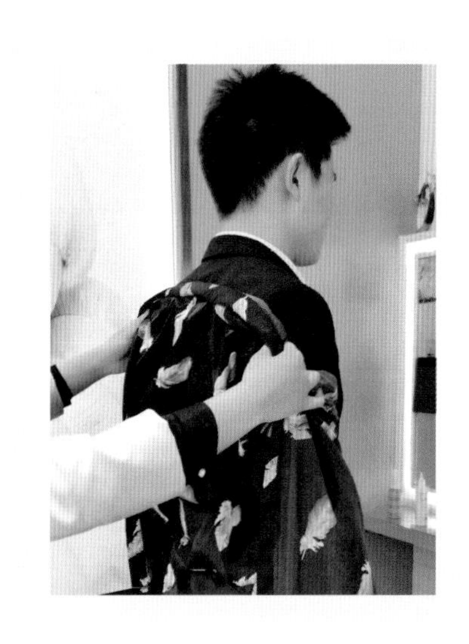

(2) 引领顾客结账，将顾客送至门口。

(3) 将用过的客袍、毛巾等放到指定位置，做到一客一换。按要求迅速整理工具用品和工作环境，为下一次服务做好准备。

课堂小剧场

接待人员：您好，欢迎光临，请问您今天需要什么服务？

顾客：洗发和按摩头皮。

接待人员：请问您有预约吗？

顾客：没有。

接待人员：那请您稍等一下，我马上去帮您安排，好吗？

顾客：好的。

……

洗护师：您好，我是今天为您服务的洗护师，我先帮您穿上客袍，好吗？

顾客：好的。

洗护师：您请坐，我帮您围上毛巾和围布，您感觉松紧度合适吗？

顾客：还可以。

洗护师：您是想采用坐式洗发还是躺式洗发呢？

顾客：坐式吧。

洗护师：经过刚才对您头发的观察，您属于油性发质，接下来用控油清爽型的洗发水为您洗发好吗？

顾客：好的。

洗护师：现在开始为您洗发。

顾客：好的。

……

洗护师：现在开始为您按摩放松，您感觉这个力度可以吗？

顾客：可以。

洗护师：如果您感觉不舒服或按摩力度不合适，随时告诉我。

顾客：好的。

……

洗护师：请问您对按摩洗发的放松效果还满意吗？

顾客：满意。

洗护师：谢谢，请问您还有其他需求吗？

顾客：没有了。

洗护师：您请这边结账。

……

洗护师：欢迎下次光临！再见！

顾客：再见。

任务评价

在进行美发按摩洗发的过程中，应按照任务标准认真检查每一项工作内容，并做好记录。

美发按摩洗发任务评价表

项　目	标　准	评价等级	存在问题与解决方法
准备工作	①工作环境干净整洁	□	
	②工具用品齐全，摆放整齐	□	
	③个人卫生仪表符合工作要求	□	
服务规范	①服务热情、周到	□	
	②礼仪与话术使用恰当	□	
	③关注顾客感受，及时询问顾客意见	□	
操作标准	①洗发流程正确，动作规范流畅	□	
	②开沫时，泡沫丰富，不滴不流	□	
	③搓洗头发动作灵活，双手配合协调	□	
	④搓洗线路清晰，头发充分揉搓	□	
	⑤冲水方法正确，头发冲洗干净	□	
	⑥护发素涂抹均匀，揉搓得当	□	
	⑦按摩取穴准确，手法恰当	□	
	⑧按摩力度适中，动作连贯	□	
	⑨能够在规定时间内完成任务	□	
收尾工作	①洗发及按摩放松效果顾客满意	□	
	②工作区域恢复整洁	□	
	③工具用品收放整齐	□	

注：关于评价等级，优秀为A，良好为B，达标为C，未达标为D。

知识技能检测

一、填空题

1. 头发是头部皮肤的一种附属物，它由__________和__________两部分组成。

2. 毛根由__________包裹，毛根末端膨大成__________，称为__________。

3. 从毛干的横截面来看，它由表皮层、____________和____________三层组成。

4. 烫发洗发分为_____________和_____________两个过程。

二、判断题

1. 毛干呈圆柱状或扁柱状，主要成分为角质蛋白。 （　　）

2. 天然卷发的横截面是椭圆形。 （　　）

3. 发质是由头部皮肤所产生的皮脂量决定的。 （　　）

4. 皮脂腺的功能是分泌汗液。 （　　）

三、选择题

1. 洗发水的主要成分是（　　），对头发起到清洁的作用。

   A. 表面活性剂　　B. 角质蛋白　　C. 碳酸钙　　D. 氯化钠

2. 洗发前，先慢慢打开喷头开关，调节水温和水压，以（　　）测试水温。

   A. 手背　　B. 手心　　C. 手指　　D. 手腕内侧

3. （　　）位于头部两侧，眉梢和外眼角中间向后1寸左右的凹陷处。

   A. 百会穴　　B. 太阳穴　　C. 脑空穴　　D. 风池穴

4. （　　）位于大椎与肩峰端连线的中点处。

   A. 大椎穴　　B. 肩髃穴　　C. 肩井穴　　D. 缺盆穴

趣味知识阅读

科学洗发小知识

1. 多久洗一次头发最好

多久洗一次头发的问题没有严格的答案。理论上来说，只要适合自己的生活习惯，觉得健康舒服，不必纠结洗发的频率。科学健康的洗发频率，应根据发质、季节等因素的不同而确定。

油性发质：其特点是皮脂分泌旺盛。夏天出汗较多时，油性发质的出油会加重，若不及时清洗，不仅会影响形象，还会导致毛孔堵塞，此时可以一天一洗，而且不用担心洗发频率过高会加重出油和脱发。相反，若坚持2～3天再洗，由于毛孔堵塞，会使脱发更加严重。秋冬季节，如果没有大量出汗，油性发质可以隔天洗一次，并配合温和的洗发水。使用的洗发水不宜碱性太强，否则虽然刚洗完后头发会很清爽，但对头皮刺激较大，不利于改善头皮出油的情况。

干性发质：其特点是皮脂分泌过少，头发毛糙干枯。干性发质应适当降低洗发频率，以2～3天洗一次为宜，但也不能因头发不出油就偷懒，甚至一周不洗，因为保持头发清洁可以减轻灰尘、头屑等对头皮产生的负担。干性发质应经常使用护发素为发丝补充营养，可以使头发保持顺滑柔韧。

中性发质：其特点是皮脂分泌适中，不油不干，属于大家都羡慕的“天生丽质”型。所以，洗头的频率应在油性发质和干性发质之间，其洗发间隔最好不要超过3天。

2．什么时候洗头发最好

到底是早上洗头发好，还是晚上洗头发好？曾有传言说晚上洗头发不易干，睡觉时容易导致湿气入侵，不利于身体健康。其实，只要及时将头发吹干，什么时候洗都可以。有人习惯早上洗头发，更加神清气爽。但如果早上时间紧或起不来，那晚上洗也无妨，只要尊重人个习惯和生活规律就好。

3．四种错误的洗发方式

（1）洗发水直接倒在头发上。洗发水是偏碱性的清洁剂，会对头皮产生刺激，容易引起脱发和皮炎。最好先将洗发水打出丰富的泡沫后，再均匀地涂抹在发丝上。清洗发根时应轻柔按摩，切忌用力抓挠，否则会越洗越痒。

（2）洗发水温过高。洗发时水温过高会损伤毛鳞片和头皮。对于油性发质，水温过高还会刺激皮脂腺，加重头皮出油。最适宜的洗发水温应控制在30℃～40℃。

（3）护发素冲洗不干净。护发素在发丝上停留2～3 min即可冲洗，尽量不要让护发素接触头皮。若护发素停留时间过长，不仅不会增强滋养效果，还会给头发角质层带来负担。因此，使用护发素后，要将其及时彻底地冲洗干净。

（4）洗发后不及时吹干。有人认为吹风机会损伤头发，喜欢将头发自然风干。其实，湿漉漉的头发在自然风干的过程中，张开的毛鳞片更易吸收灰尘。吹头发时只要控制好距离和温度，便不会对头发造成损伤。

项目二 头发护理

任务一 头发基础护理

任务二 头发深层护理

项目导读

现在，很多人都会去美发店烫发或染发，但若烫染不当，发质很容易受损，而且太阳暴晒、错误的洗发方式等也会造成发质损伤。因此，想要保持健康亮丽的秀发，需要定期对头发进行护理。在美发服务中，洗护师可通过了解顾客头发受损的程度和原因，利用相应的护理产品和仪器对头发进行修复与护理，帮助顾客改善头发干枯、毛糙、分叉、易断等发质受损问题。本项目通过头发基础护理和头发深层护理两个任务进行头发护理实践，要求学生掌握头发护理的专业知识与操作技能。

知识目标

1. 熟悉健康头发的特征。
2. 掌握头发护理的原理与作用。
3. 了解护发产品的基础知识。
4. 了解头发受损的原因与过程。
5. 掌握头发受损等级评估的依据。

技能目标

1. 能根据顾客发质受损的情况选择合适的护理产品。
2. 能按照规范程序完成受损发质的基础护理。
3. 能按照规范程序完成受损发质的深层护理。

工作流程

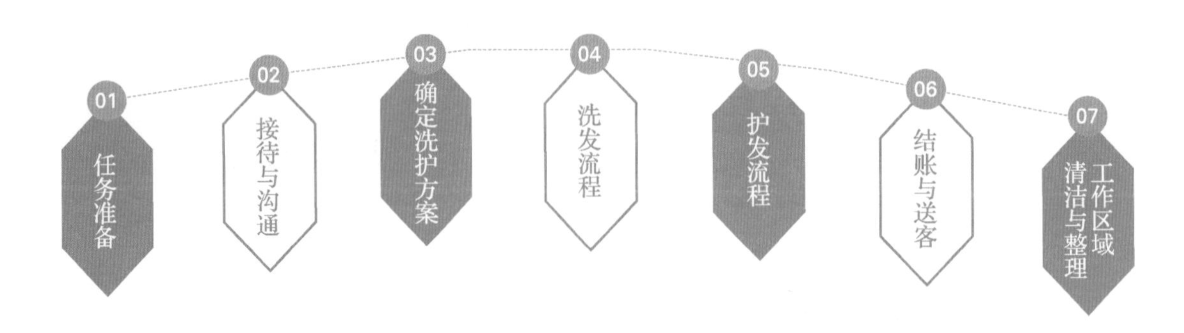

任务一 头发基础护理

情景引入

秋冬季节，天气干燥，郑女士感觉自己的头发越来越干枯毛糙，而且起静电现象非常严重，梳理时容易打结。考虑到烫发或染发可能会对头发造成损伤，所以她不打算烫染新发型。但是过几天她要去参加朋友的婚礼，不想让受损的发质影响自己的形象，于是便来到美发店向美发师寻求帮助。

相关知识

一、护发基础

1. 健康头发的特征

头发表层的毛鳞片一般为6～12层，呈相互重叠的瓦状结构。当毛鳞片排列紧密时，头发表面光滑，能够反射充足的光线。在干发状态下，健康的头发保持一定的含水量，且含有丰富的角质蛋白，头发强韧有弹性，手感柔软。因此，健康的头发主要表现为亮、润、韧、柔四大特征。

亮：发色饱满、盈亮。健康的头发颜色坚实、富有光泽。

润：滋润、不油腻、无静电。通常健康的头发在温和的环境中含水量约为10%，即使在完全湿润的环境中，含水量也不会超过15%。

韧：强韧、有弹性、无分叉。一根健康的头发能吊起约100 g的重物，其强韧度与同等粗细的金属丝相当。

柔：柔软顺滑、易梳理、不打结。健康头发的触感如绸缎般柔而不涩、滑而不腻，易于造型。

2. 头发护理的原理

头发护理主要是通过护理产品或仪器使头发膨胀、软化，打开头发表层的毛鳞片，使头发吸收护发产品中的营养成分，增加头发中水分、蛋白质的含量，达到护理和修复的目的。

3. 头发护理的作用

营养滋润：通过蒸汽加热将毛鳞片打开，使护发产品中的营养成分进入头发中，补充头发中的水分、蛋白质等物质，起到营养滋润的作用。

保护作用：当用洗发水将头发清洗干净后，头发表层会残留部分碱性洗发水粒子，所以将偏酸性的护发产品涂抹在头发上可达到酸碱中和的效果，同时护发产品中的营养成分在头发表层形成一层保护膜，保护毛鳞片不受外界损伤。

修复作用：使用护理仪器配合相应的护理产品进行头发护理，能够使营养成分深入毛干内层，修复染发、烫发、拉直等对头发造成的损伤，恢复头发的弹性和活力。

二、护发产品

1. 护发产品的成分

护发产品主要由表面活性剂、辅助表面活性剂、阳离子调理剂、增脂剂及其他活性成分组成。

表面活性剂：具有乳化、抗静电、抑菌的作用。

辅助表面活性剂：具有辅助乳化的作用。

阳离子调理剂：具有保湿、抗静电、调理的作用。

增脂剂：如羊毛脂、橄榄油、硅油等，可改善头发的营养状况，使头发光亮、易梳理。

其他活性成分：如维生素、水解蛋白、植物提取液等，可起到去屑、润湿、防晒等作用。

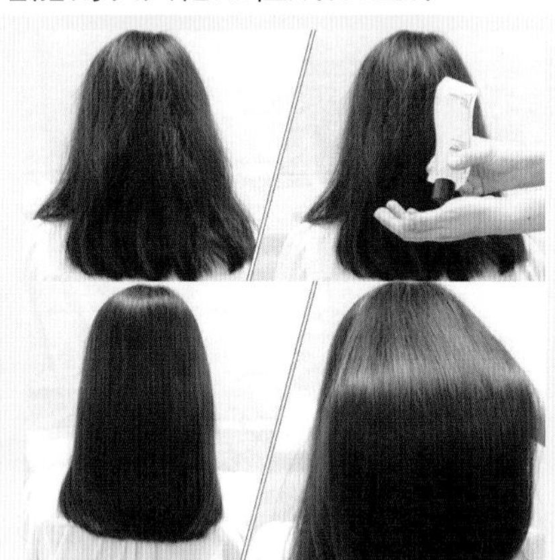

2. 常见的护发产品

常见的护发产品主要有护发素、发膜、护理液、免洗护发品等。

护发素：一般呈弱酸性，可中和残留在头发中的碱性洗发水粒子，帮助毛鳞片闭合，使头发顺滑。

发膜：护发效果比护发素更加明显，能作用到毛干内层，使多层毛鳞片闭合，有利于头发长时间保持顺滑、盈亮，而且发膜中含有修复受损发质的成分，能够有效地补充头发中的蛋白质，适用于受损发质。

护理液：不仅可以闭合头发表层的毛鳞片，而且还能修复毛鳞片之间因发质受损而缺失的胶状物，使毛鳞片紧密闭合，并牢牢锁住头发中的色素蛋白，适用于严重受损发质。

免洗护发产品：在干燥的头发上涂抹免洗护发产品，能快速有效地防止头发产生静电，改善头发灰暗无光的现象。

3．护发产品的选用

通常，良好的护发产品黏稠适中，易于取用，使用时没有油腻感，能均匀地涂抹在头发上，短暂停留后易于清洗，并达到预期的护发效果。

对于不同的发质，可根据下列建议选用护发产品。

中性发质：选用弱酸性的护发产品，使用后应采用接近头皮温度的清水进行彻底冲洗。

干性发质：由于干性发质毛鳞片易受损，头发缺水且缺油，严重时还会发黄、分叉，因此应选用具有保湿滋润作用的护发产品。

油性发质：选择控油清爽型的护发产品，可帮助油性发质保持较长时间的干爽和舒适。

受损发质：由于受损发质养分流失、弹性下降、脆弱易断，因此应选择富含营养成分的护发产品，必要时可每天使用免洗护发产品。

任务实施

一、任务准备

工作环境干净整洁，仪器设备完好，服务人员卫生仪表符合工作要求。除了常用的洗发工具用品外，头发护理操作中还应准备好头发护理专用的基础工具与仪器设备，如下图所示。

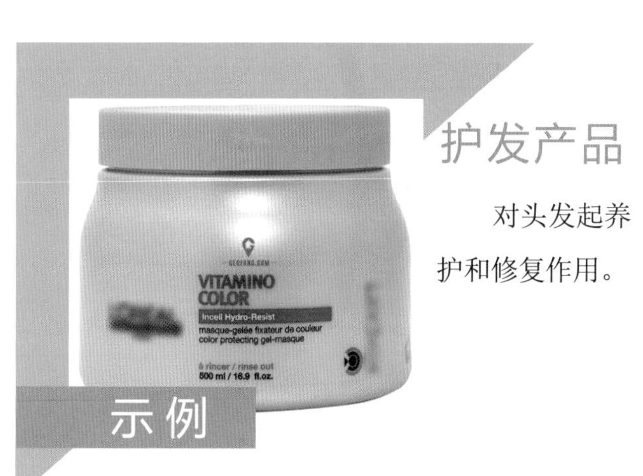

护发产品

对头发起养护和修复作用。

示例

发刷

涂抹护理产品。

示例

示例

胶碗

盛放护理产品。

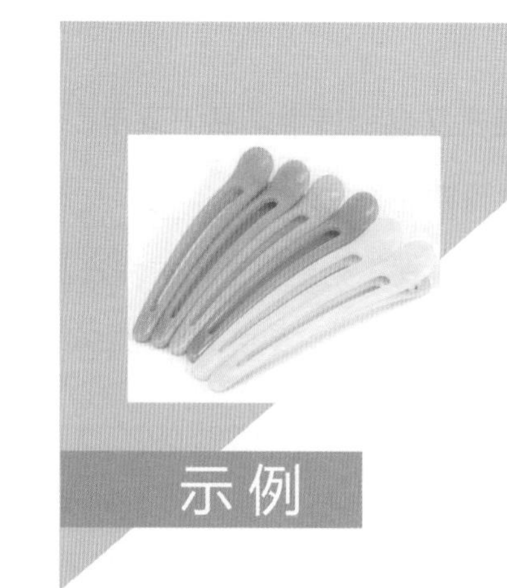

示例

夹子

固定头发。

示例

宽齿梳

梳理头发。

示例

喷壶

湿润头发，增加头发中的水分。

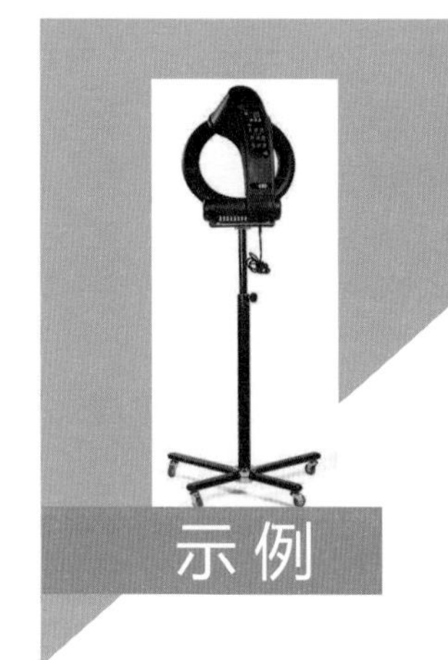

示例

加热仪器

加热，促进营养物质吸收。

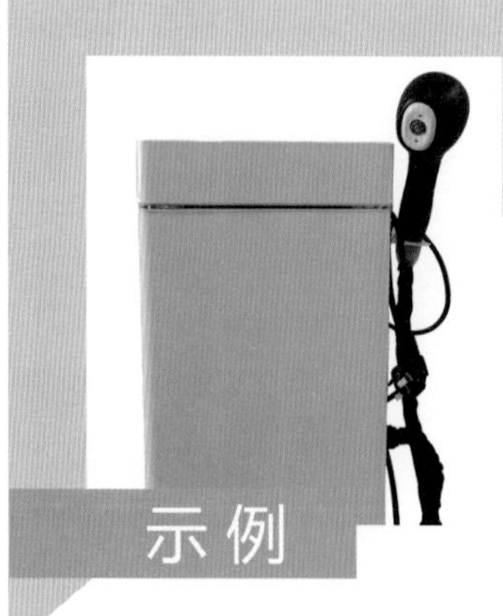

示例

负离子蓝光纳米喷枪

打开毛鳞片，深层清洁毛鳞片。

二、接待与沟通

(1) 引导顾客进店，细心接待，针对顾客需求进行沟通交流，给出适当建议，确定本次服务方案。按照操作规程完成换客袍、围毛巾与围布等保护措施的操作。

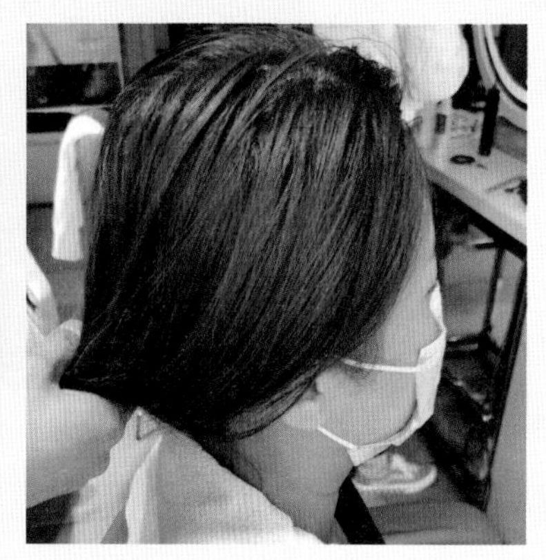

(2) 仔细检查顾客的发质情况，并询问顾客的基本情况，准确判断发质状况，为顾客提供有价值的建议。

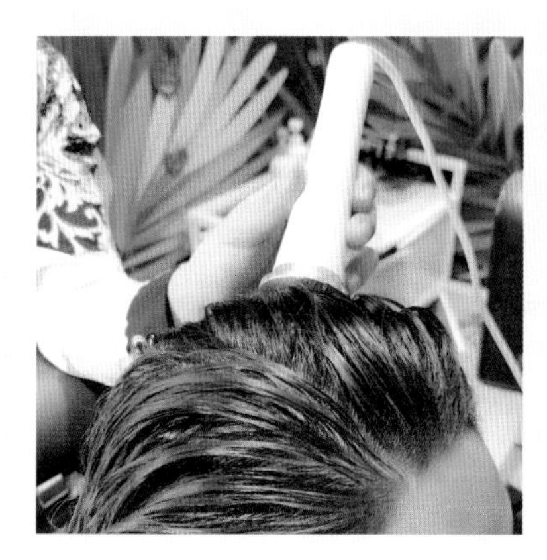

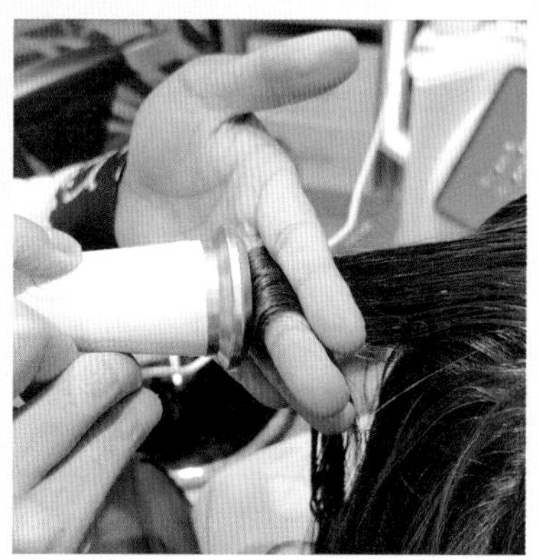

技能小技巧

检查顾客发质情况时，可先仔细观察，然后借助仪器进行发质检测，认真分析检测结果，最终确定发质状况。

三、洗发操作

调节好水温后将头发冲湿，涂抹洗发水并揉出丰富的泡沫，然后用清水将泡沫彻底冲洗干净，用毛巾擦发并包好，辅助顾客坐起，引领顾客至美发椅坐好。

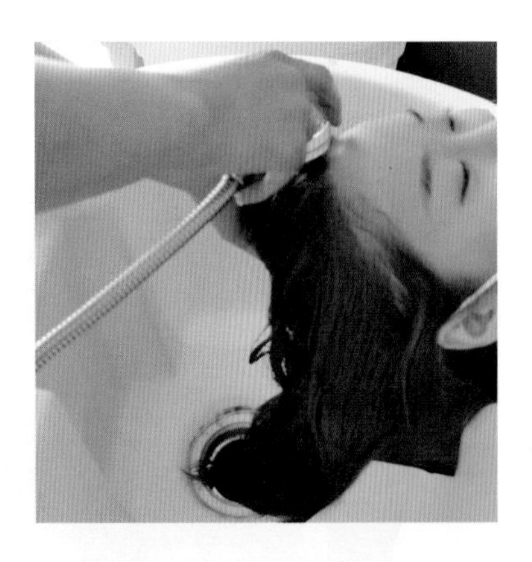

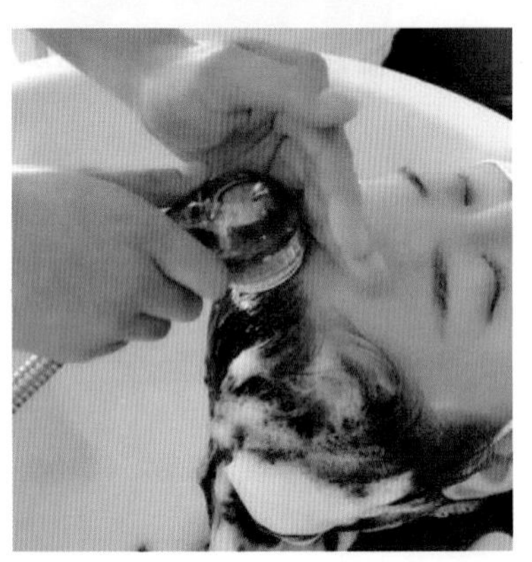
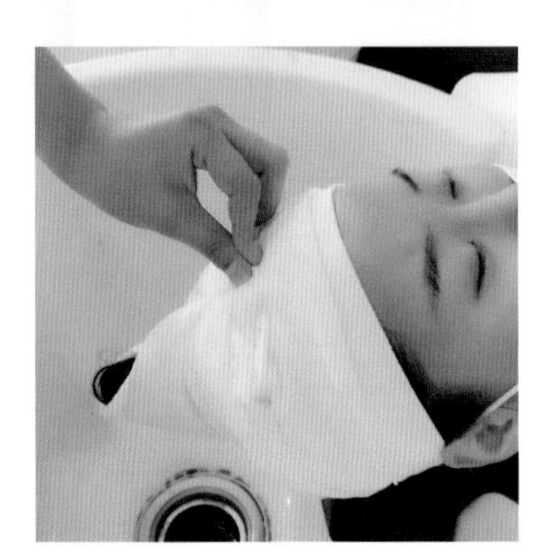

四、护发操作

(1) 分发区。将头发梳顺，沿正中发线、两耳向上发线将头发进行十字分区，分成四个发区。

头发基础护理

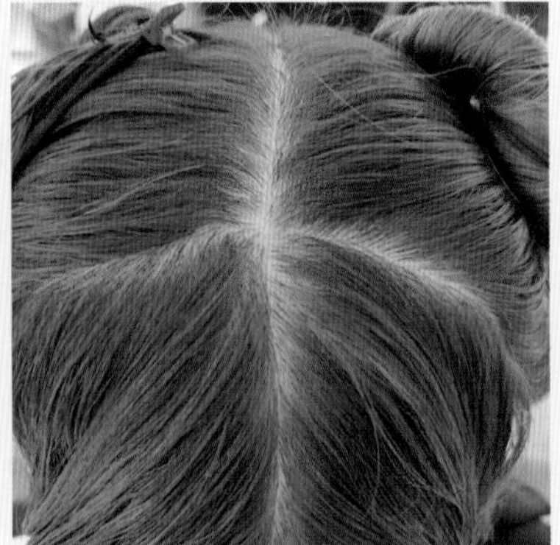

(2) 发片涂抹。从头顶开始分出宽约5 cm、厚约2 cm的发片，用发刷在距离发根约2 cm处开始涂抹护发产品，直至发梢。涂抹均匀后轻轻按摩发片并卷成发卷，最后用发夹固定。

技能小技巧

① 为了确保抹匀抹透，发刷可走“8”字形进行反转涂抹，同时每片发片涂抹完成后，可用手顺着毛鳞片生长的方向轻轻按摩，促进护发产品的渗透。

② 涂抹护发产品时，应注意不要涂到头皮上，涂完后用发夹固定发卷。

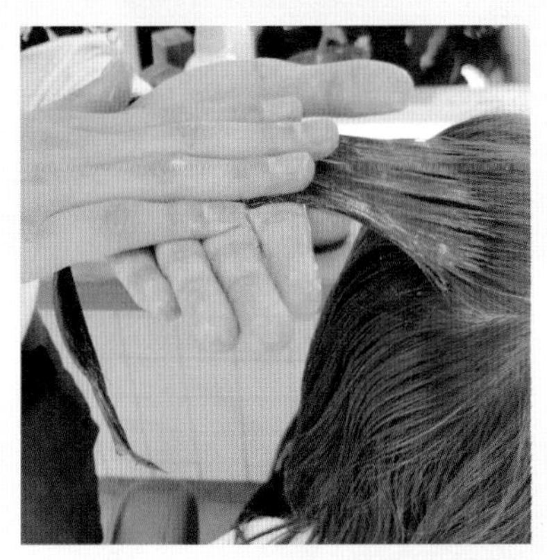

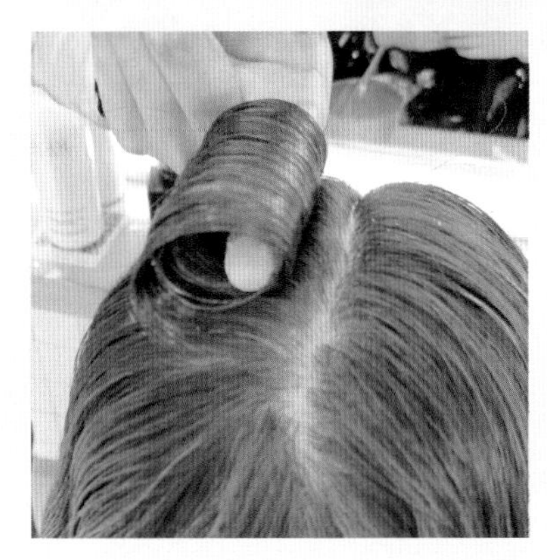

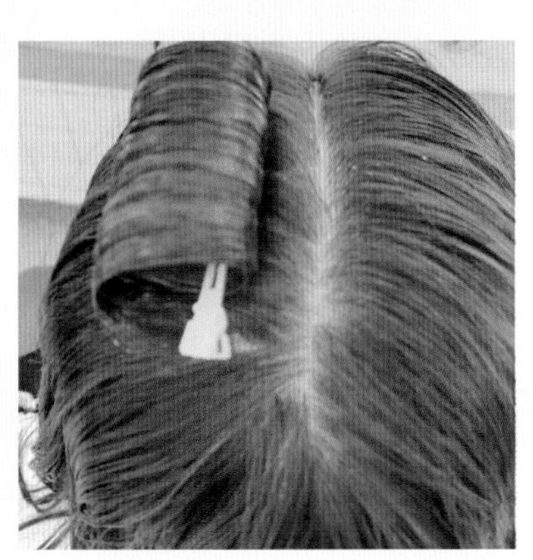

(3) 全头涂抹。采用相同的方法，从头顶开始，按照从上到下的顺序，先完成前面两侧发区的涂抹，再完成后面两侧发区的涂抹，确保全部头发完全涂抹均匀。

温馨小贴士

仔细检查发片，观察涂抹是否完全、均匀。若发现涂抹不完全或不均匀的发片，则应进行补涂。

(4) 加热处理。将加热仪器移动到顾客所在美发椅的旁边，调整加热仪器的位置和高度，以便更好地对头发进行加热。设定仪器的加热温度与加热时间，加热过程中随时关注仪器的加热情况和顾客的感受，并为顾客提供杂志、饮用水等服务。

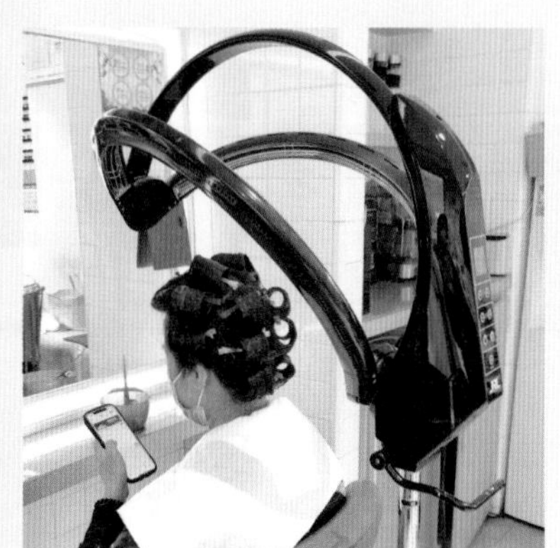

礼仪与话术

① 现在对头发进行加热，请您稍等一会儿，如果有不舒服的地方请随时告诉我。

② 请您看会儿杂志，喝杯水。

技能小技巧

通常健康头发或轻度受损头发的加热时间为15～20 min。

温馨小贴士

为避免顾客等待时间太长，应提前准备好加热仪器，并查看仪器运转是否正常。

(5) 乳化。加热完成后，移除加热仪器，取下发夹，让头发充分冷却。待冷却后用喷壶将头发喷潮湿，并用双手进行按摩乳化。

温馨小贴士

移除加热仪器时要小心，避免仪器碰到顾客头部。

(6) 按摩发片。先用双手从发根向发梢揉搓发片，然后将发片放于左手掌心，右手成空心拳状从发根向发梢轻轻敲打。

(7) 冲洗。用温度适宜的清水将头发冲洗干净，并用毛巾包好。

温馨小贴士

水温要适宜，水温过热会影响护理效果。

（8）吹风造型。用毛巾将头发擦干，并用宽齿梳梳理通顺，然后吹至八成干，完成头发护理。

五、收尾工作

（1）询问顾客对整体服务的评价，待顾客满意后结账、送客。

（2）迅速整理工具用品和工作环境，将用过的客袍、毛巾等放到指定位置等待清洗消毒。切断加热仪器的电源并将其擦拭干净后，移动到指定位置。

课堂小剧场

接待人员：您好，欢迎光临，请问您今天需要什么服务？

顾客：护理头发。

接待人员：请问您有预约吗？

顾客：没有。

接待人员：那请您稍等一下，我马上去帮您安排，好吗？

顾客：好的。

……

洗护师：您好，我是今天为您服务的洗护师，我们先把随身物品存一下好吗？

顾客：好的。

洗护师：您的东西存在了××号柜子里，这是钥匙，您收好。

顾客：好的。

洗护师：我先帮您穿上客袍，好吗？

顾客：好的。

洗护师：您请坐，我帮您围上毛巾和围布，您感觉松紧度合适吗？

顾客：还可以。

洗护师：您选择头发护理项目，请问您想改善头发存在的哪些问题呢？

顾客：干枯毛糙，容易起静电，梳理时容易打结。

洗护师：为了确定适合您的护理方案，我想了解一下您的发质状况，可以问您几个问题吗？

顾客：可以。

洗护师：您上次烫染头发大约是什么时候？

顾客：两三个月前。

洗护师：今天是您洗头后第几天了？

顾客：第三天。

洗护师：好的，那我现在用仪器来帮您做发质检测。

顾客：好的。

洗护师：根据刚才的检测分析，您属于干性发质，头发有些轻微受损，接下来我帮您做头发基础护理，着重补充水分和蛋白质，好吗？

顾客：好的。

洗护师：我们店里有这几种适合您的基础护理产品，您可以选择。

顾客：选这一款吧。

洗护师：您这边请。请慢慢躺在洗发椅上，您这样躺着脖子还舒服吗？

顾客：还行。

洗护师：现在开始为您洗头。这个水温可以吗？

顾客：可以。

洗护师　头发已经洗好，您可以坐起来了。这边请。

……

洗护师　现在开始为您涂抹营养补水的护发产品。

好的。　顾客

洗护师　护发产品已经涂抹均匀了，现在用加热仪器给头发加热。

好的。　顾客

洗护师　现在对头发进行加热，请您稍等一会儿，如果有不舒服的地方请随时告诉我。

好的。　顾客

洗护师　请您看会儿杂志，喝杯水。

谢谢。　顾客

……

洗护师　现在加热完成，开始为您按摩发片。

好的。　顾客

……

洗护师　您好，这边请，需要为您冲洗头发。

好的。　顾客

洗护师　为了保证护理效果，水温可能略微偏低，您感觉还好吗？

还行。　顾客

洗护师　头发已经洗好，您可以坐起来了，这边请。现在为您吹风造型。

好的。　顾客

洗护师　请问您对头发的护理效果和今天的服务满意吗？

满意。　顾客

洗护师　谢谢，请问您还有其他需求吗？

没有了。　顾客

洗护师　您请这边结账。

……

洗护师　欢迎下次光临！再见！

再见。　顾客

任务评价

在进行头发基础护理的过程中，应按照任务标准认真检查每一项工作内容，并做好记录。

头发基础护理任务评价表

项 目	标 准	评价等级	存在问题与解决方法
准备工作	① 工作环境干净、整洁	□	
	② 个人卫生仪表符合工作要求	□	
	③ 工具用品干净、齐全，摆放有序	□	
服务规范	① 使用专业的礼貌用语	□	
	② 服务规范、热情、周到	□	
	③ 关注顾客感受，及时询问顾客意见	□	
操作标准	① 准确判断发质状况	□	
	② 洗发操作规范	□	
	③ 护发产品选择正确	□	
	④ 头发分区规范	□	
	⑤ 发片分取恰当	□	
	⑥ 从距离发根约2 cm处开始涂抹护发产品	□	
	⑦ 护发产品涂抹均匀、适量	□	
	⑧ 加热仪器的加热温度和加热时间恰当	□	
	⑨ 头发充分冷却，乳化手法正确	□	
	⑩ 冲洗干净，吹风造型良好	□	
收尾工作	① 发丝柔顺，有光泽，水分充足，有弹性	□	
	② 顾客感觉舒适，满意度高	□	
	③ 工具用品清洁，收放整齐	□	
	④ 加热仪器擦拭干净，并归位	□	
	⑤ 使工作区域恢复整洁	□	

注：关于评价等级，优秀为A，良好为B，达标为C，未达标为D。

任务二 头发深层护理

情景引入

冯女士追求时尚，喜欢尝试不同的发型风格。前不久刚染了一个比较流行的发色，最近又换成了另一种颜色的卷发造型。频繁的染发和烫发导致她的发质严重受损，头发脆弱易断，发梢开叉，失去光泽，手感粗糙。她咨询了一位经常帮她做造型的美发师，想要获取一些改善发质的方法，美发师建议她去做头发深层护理。冯女士便提前与美发店联系预约，希望可以更好地保持现在的发型效果，并修复自己受损的发质。

相关知识

一、头发受损原因

头发受损是由物理、化学及环境等因素共同造成的。受损发质表现为发梢开叉、失去光泽、颜色枯黄，用手触摸时有粗糙感，梳理时容易折断等。了解并分析头发受损的原因，才能对症下药，更好地修复发质。

让头发不毛躁的小窍门

1．物理因素

（1）洗发方式不正确。洗发时大力揉搓，会使毛鳞片剥落，蛋白质大量流失，保湿能力下降，导致头发失去光泽、毛糙易断。

（2）梳理方式不正确。梳理头发时，若采用从发根到发梢的梳理方式，发梢处很容易打结，用力梳开时会对头发造成损伤；吸水膨胀后的湿发十分柔软，若用同样的方式梳理，会对头发造成更大的损伤。

（3）吹风机、电热卷发器、电夹板等使用不当。未擦干的湿发直接用吹风机高温吹干，会使头发内部的水分也随之流失；若用吹风机边吹干边造型，头发会受到高温与摩擦的双重作用，损伤更严重。使用电热卷发器或电夹板时，头发会接触到100℃以上的高温，若使用不当，短时间内头发便会产生损伤，导致毛鳞片剥落。

2. 化学因素

头发烫染受损后如何保养

过度烫发或染发等会导致头发干枯、毛糙、失去弹性。烫发剂或染发剂透过毛鳞片浸透到头发内部，不仅会对毛鳞片产生影响，而且会溶解头发中的蛋白质，导致头发失去光泽，水分调节机能下降。染发时染发剂还会分解头发中的黑色素使蛋白质变性，破坏头发表层的脂质膜，导致头发手感变差。

3. 环境因素

（1）紫外线照射。黑发中含有大量保护头发免受紫外线伤害的黑色素，但大部分黑色素都存在于皮质层中，当头发受到紫外线照射后，表层毛鳞片会发生蛋白质变性，导致头发失去弹性，变得干枯易断。若头发在湿润状态下受到紫外线照射，只需一天就会出现明显损伤。这是因为湿发受到紫外线照射后会激活氧原子，切断头发内的化学键，使头发强度下降、光泽消失。

（2）吹空调引起的干燥。空调会使室内空气变得干燥，长时间待在空调房内，头发中的水分将不断流失，毛鳞片会发生剥落，导致头发失去光泽，出现毛糙、分叉、易断等问题。

二、头发受损过程

头发受损过程主要分为三个阶段。

受损第一阶段：主要是毛鳞片损伤。毛鳞片遇到碱性物质后打开，遇到酸性物质后闭合，烫发或染发便是利用该特性使头发变形或上色。此外，毛鳞片还具有防止头发内部蛋白质流失的作用。若毛鳞片打开后无法闭合或受到破坏，表示头发已经受损。

受损第二阶段：主要是头发细胞膜复合体流失。头发细胞膜复合体能够黏合毛鳞片，锁住头发内部的水分和营养物质，同时也是水分和营养物质进入头发内部的通道。毛鳞片在张开或受损状态下，头发细胞膜复合体会受到外界影响发生流失，虽然此时营养物质更容易进入，但头发中的蛋白质也极易流失。

受损第三阶段：主要是皮质层损伤。头发细胞膜复合体流失后，作为皮质细胞集合体的皮质层会开始受到损伤。皮质层主要由纤维状的角质蛋白组成，中间充满了柔软的间充物质，间充物质具有黏合纤维的作用。在受损第三阶段，间充物质开始流失，导致烫发失败或染发后颜色脱落。

温馨小贴士

细胞膜复合体由蛋白质和结构性脂质组成，它将毛鳞片与皮质层紧密结合在一起，能有效锁住头发内部的水分与营养物质。

三、头发受损等级评估

在鉴别头发受损状况时，应根据头发状态进行头发受损等级的评估，如下表所示。

头发受损等级评估

受损等级	头发状态
健康正常	具有弹性和光泽，手指容易穿过头发且手感良好
轻度受损	略显干燥，虽有光泽，但比健康头发硬，易染发、易烫发
中度受损	弹性和光泽度下降，保湿功能也开始下降，手指难以穿过头发，可能会产生过度烫发的效果
高度受损	湿发用毛巾擦干后，头发极度干燥，吹干后烫发效果随之消失
重度受损	手感粗糙、发硬，缺乏弹性，容易断发，难以实现烫染效果

任务实施

一、接待与沟通

(1) 引导顾客进店，细心接待，询问顾客需求。协助顾客存放物品并更换客袍。

(2) 将顾客引导至美发椅，仔细检查顾客的发质状况，根据顾客需求介绍护发产品。

礼仪与话术

您的发质严重受损，根据您的情况，您可以选择××产品，这种产品含有××成分，能对您的发质进行深层修复。

二、洗发操作

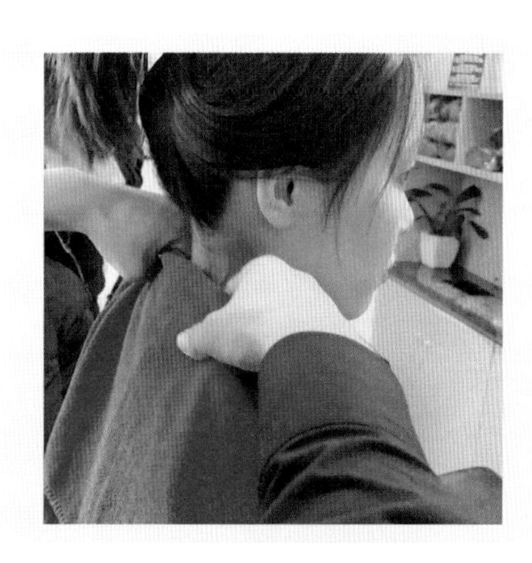

(1) 按操作规程为顾客围好毛巾，做好保护措施。

洗发操作

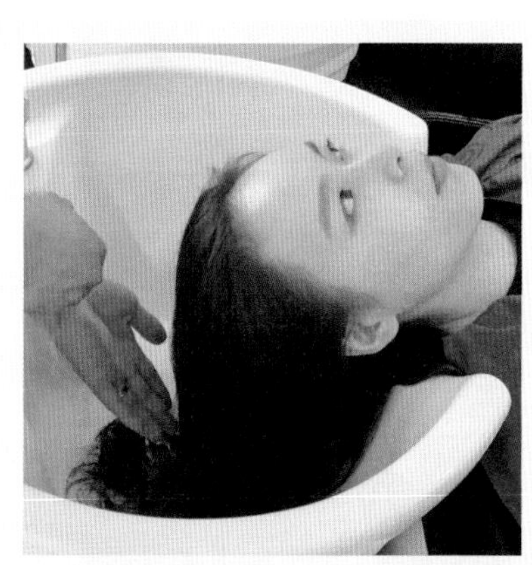

(2) 选择适合受损发质的洗发水，按照操作规程为顾客清洗头发，完成洗发后用毛巾擦发并包好，辅助顾客坐起，引领顾客至美发椅坐好。

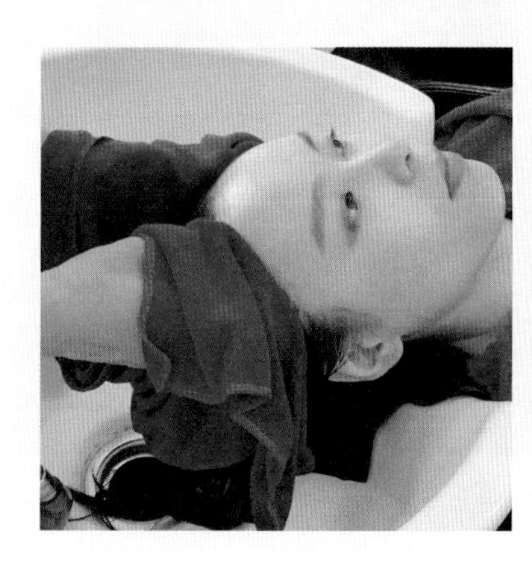

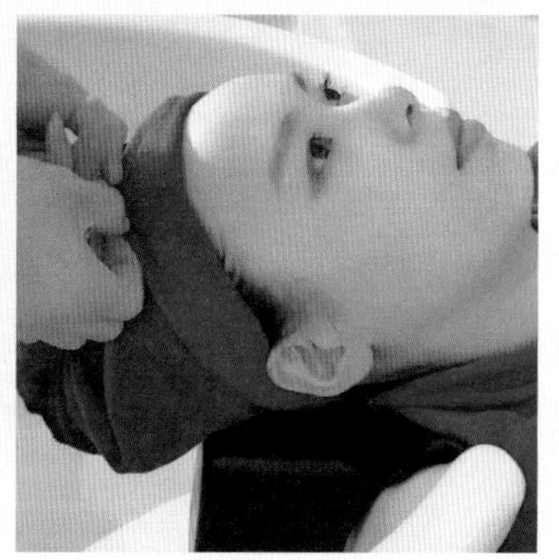

三、护发操作

根据顾客所选护发产品的不同，护发操作可分为免加热产品护发和加热产品护发两种。

1. 免加热产品护发

(1) 采用负离子蓝光纳米喷枪，通过高速喷射负离子纳米颗粒，使毛鳞片打开，去除毛鳞片上的顽固污渍。

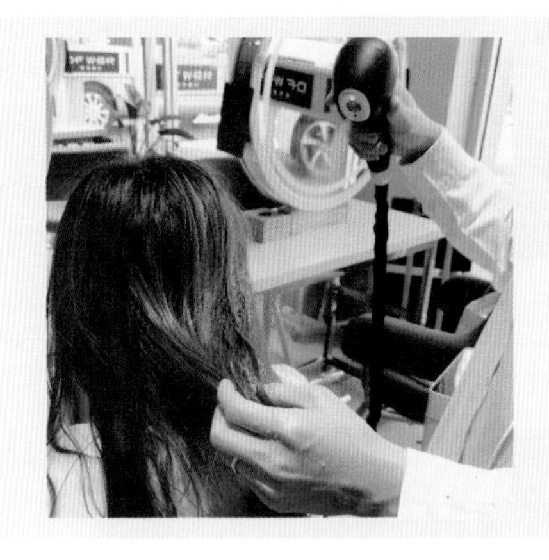

免加热产品护发

(2) 根据顾客发量调配护发产品，然后分发片涂抹或喷洒。从头顶开始将头发分出宽约5 cm、厚约2 cm的发片，在距离发根约2 cm处开始涂抹或喷洒护发产品，直至发梢。采用相同的方法，对全部头发进行均匀涂抹或喷洒。

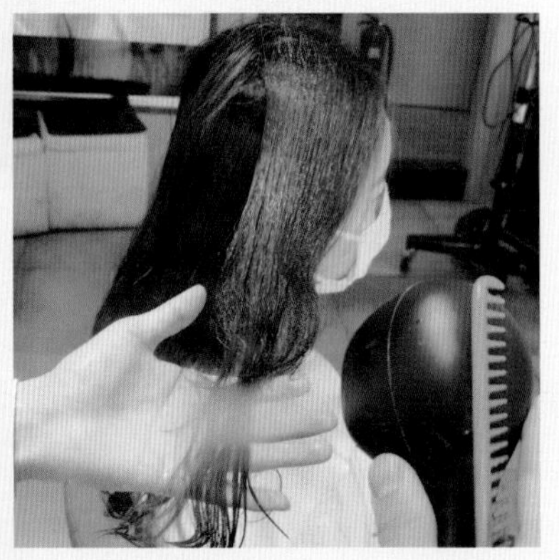

(3) 先用双手从发根向发梢方向揉搓发片，再将发片放在左手掌心，右手成空心拳状进行敲打，完成全部发片按摩。

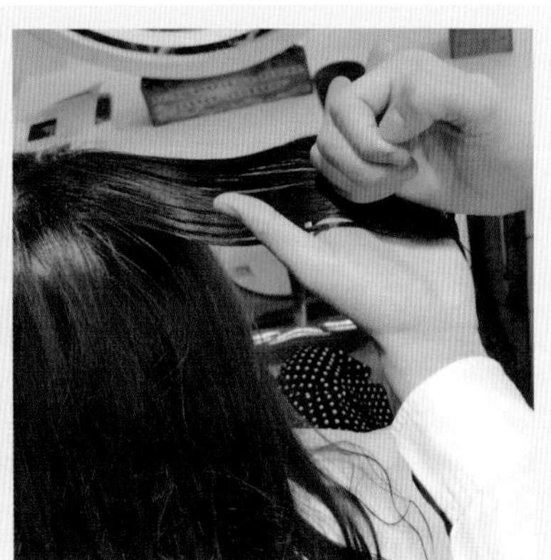

技能小技巧

① 应均匀涂抹或喷洒，尽量使每根头发上都有护发产品。
② 对于头发受损严重的部分，可适当加大按摩力度，延长按摩时间。
③ 涂抹或喷洒护发产品时，应避免接触头皮。

(4) 先用负离子蓝光纳米喷枪沿毛鳞片逆向喷射2遍，再沿毛鳞片顺向喷射3遍，最后整体喷射，使护发产品中的营养物质进入头发内部。

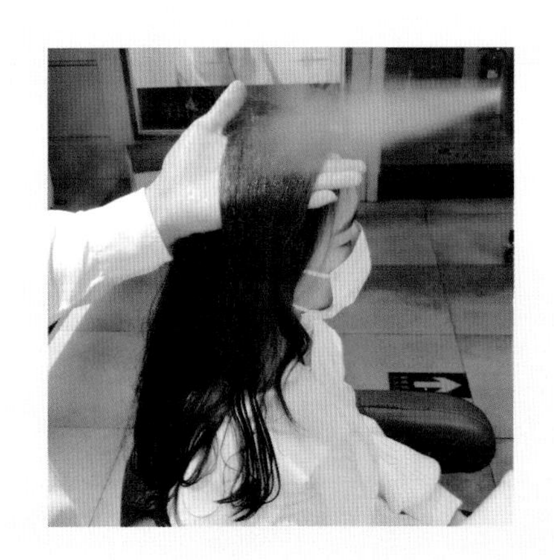

(5) 按照与步骤（2）～（4）相同的方法依次喷洒或涂抹不同成分的护发产品。例如，依次使用修复营养液、强化营养液、增韧营养液、增亮营养液、补水营养液及稳定毛鳞片营养液等。

(6) 冷却5 min，待头发温度降低后，用清水将头发冲洗干净。

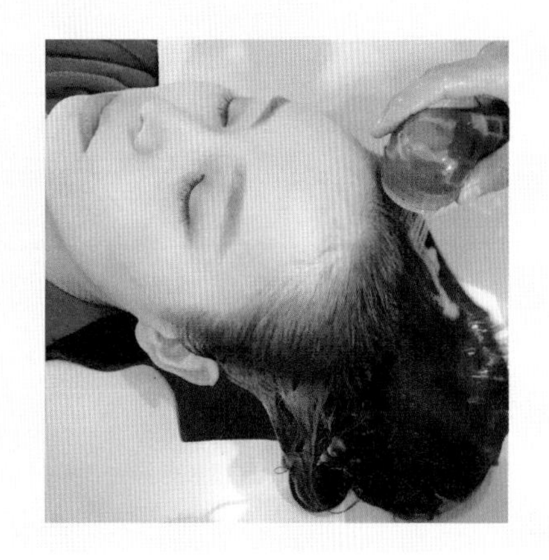

(7) 根据顾客需求进行吹风造型等。

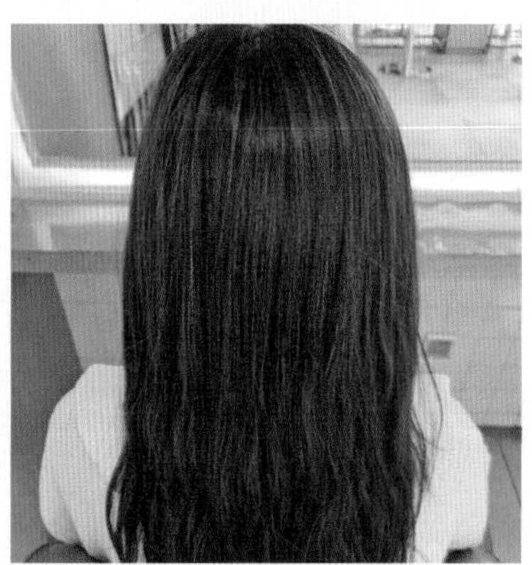

2．加热产品护发

(1) 分发区。将头发梳理通顺，沿正中发线、两耳向上发线将头发进行十字分区，分成四个发区。

(2) 涂抹护发产品。根据顾客发量调配护发产品，从头顶开始将头发分出宽约5 cm、厚约2 cm的发片，用发刷在距离发根约2 cm处开始涂抹护发产品，直至发梢，着重按摩受损部位的发片，涂抹均匀后将头发卷成发卷，并用发夹固定，直至完成全部头发的涂抹。

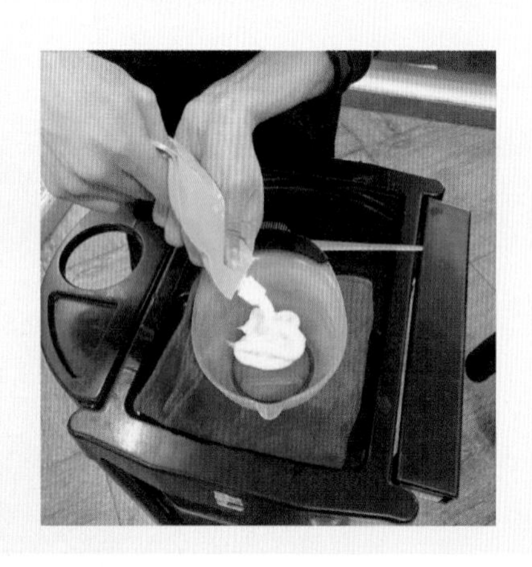

(3) 加热处理。将加热仪器移动到顾客所在美发椅的旁边，调整加热仪器的位置和高度，以便更好地对头发进行加热。设定仪器的加热温度与加热时间，在加热过程中，随时关注仪器的加热情况和顾客的感受，并为顾客提供杂志、饮用水等服务。

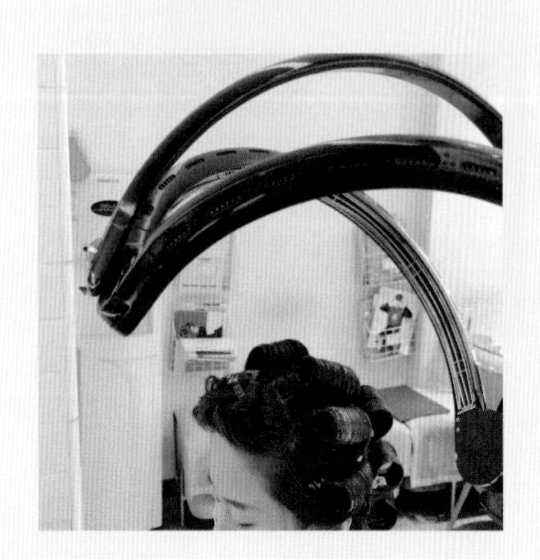

技能小技巧

通常重度受损头发的加热时间为8～10 min。

(4) 乳化。加热完成后，移除加热仪器，取下发夹，让头发充分冷却。待冷却后用喷壶将头发喷潮湿，并用双手进行按摩乳化。

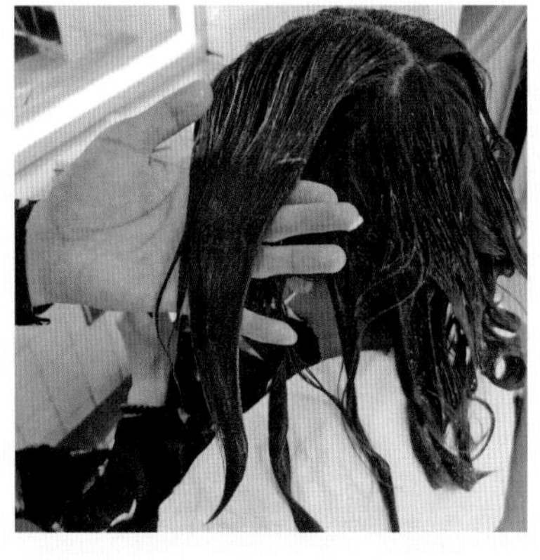

(5) 按摩发片。先用双手从发根向发梢揉搓发片，然后将发片放于左手掌心，右手成空心拳状从发根向发梢轻轻敲打。

(6) 冲洗。用温度适宜的清水将头发冲洗干净，并用毛巾包好。

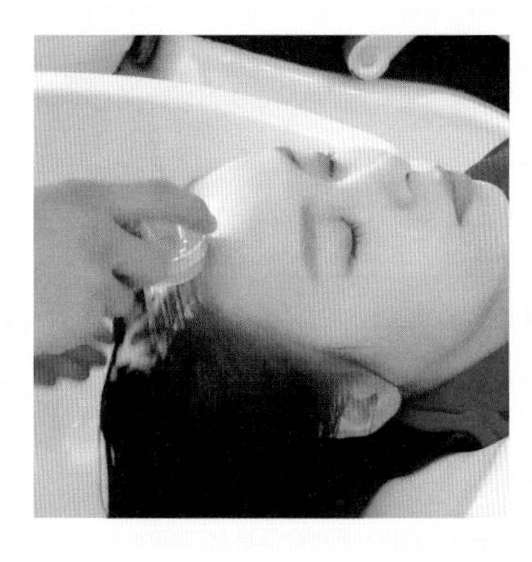
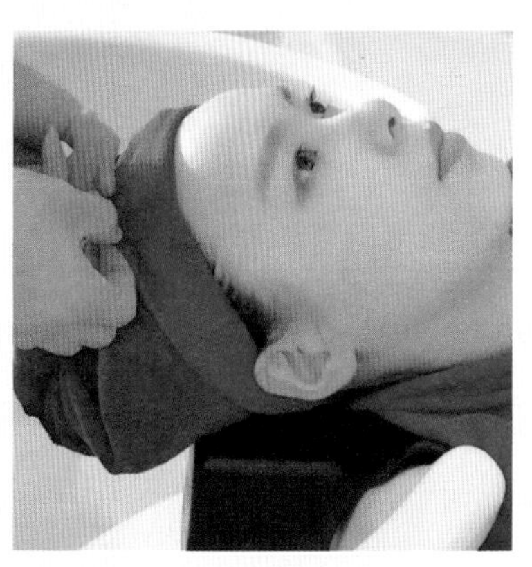

(7) 吹风造型。用宽齿梳将头发梳理通顺，并吹至八成干，同时根据顾客需求进行吹风造型，完成头发护理。

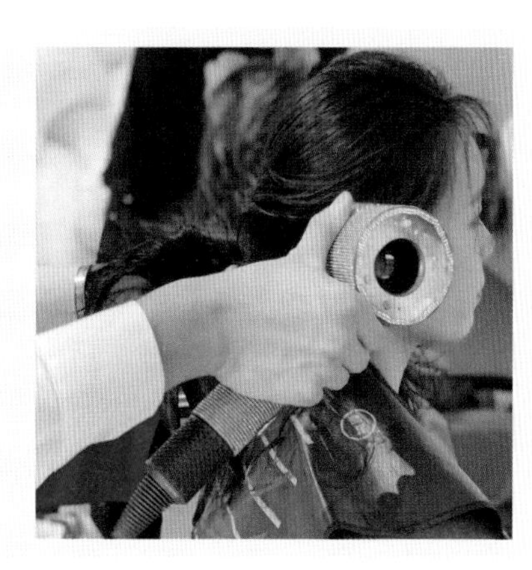

四、收尾工作

(1) 询问顾客意见，待顾客满意后，引领其结账，并送客。

(2) 整理工作环境，保持工具用品与仪器清洁，及时归位。

课堂小剧场

接待人员：您好，欢迎光临，请问您今天需要什么服务？

顾客：想护理一下头发。

接待人员：请问您有预约吗？

顾客：有，这是我的预约信息。

接待人员：好的，我帮您确认一下，请这边坐。您稍等一下，我马上去帮您安排，好吗？

顾客：好的。

……

洗护师：您好，我是今天为您服务的洗护师，我们先把随身物品存一下好吗？

顾客：好的。

洗护师：您的东西存在了××号柜子里，这是钥匙，您收好。

顾客：好的。

洗护师：我先帮您穿上客袍，好吗？

顾客：好的。

洗护师：您请坐，我帮您围上毛巾和围布，您感觉松紧度合适吗？

顾客：可以。

洗护师：了解到您的头发由于之前烫染造成了发质的损伤，我推荐您使用××产品进行深层护理。您要求保持现在的发型效果，所以推荐您使用负离子蓝光纳米喷枪，深层清洁毛鳞片，促进护发产品吸收。

顾客：好的。

洗护师：您这边请，护理前先为您洗头。

顾客：好的。

洗护师：请您慢慢躺在洗发椅上，您这样躺着脖子还舒服吗？

顾客：还行。

洗护师：现在开始为您洗头。这个水温可以吗？

顾客：可以。

洗护师：头发已经洗好，您可以坐起来了。这边请。

……

洗护师：现在开始为您做头发深层护理，时间会比较长。

顾客：好的。

……

洗护师：头发深层护理已经完成，这边请，需要为您冲洗头发。

顾客：好的。

洗护师：头发已经洗好，您可以坐起来了，这边请。现在为您吹风造型。

顾客：好的。

洗护师：请问您对头发的护理效果和今天的服务满意吗？

顾客：满意。

洗护师：谢谢，请问您还有其他需求吗？

顾客：没有了。

洗护师：您请这边结账。

……

洗护师：欢迎下次光临！再见！

顾客：再见。

任务评价

在进行头发深层护理的过程中，应按照任务标准认真检查每一项工作内容，并做好记录。

头发深层护理任务评价表

项 目	标 准	评价等级	存在问题与解决方法
准备工作	① 工作环境整洁	□	
	② 个人卫生仪表符合工作要求	□	
	③ 工具用品齐全，有序	□	
服务规范	① 服务规范、热情	□	
	② 认真专业地解答顾客问题	□	
	③ 能为顾客提出合理建议	□	
	④ 关注顾客感受，细心周到	□	
操作标准	① 准确判断发质状况	□	
	② 洗发保护措施得当，洗发操作规范	□	
	③ 护发产品选择正确	□	
	④ 护发产品涂抹或喷洒均匀	□	
	⑤ 头发按摩手法正确、力度适宜	□	
	⑥ 护发产品没有接触到头皮	□	
	⑦ 加热仪器的加热时间设置恰当	□	
	⑧ 头发充分冷却，乳化手法正确	□	
	⑨ 冲洗干净，吹风造型良好	□	
收尾工作	① 发丝柔顺有光泽，水分充足，弹性好	□	
	② 顾客感觉舒适，满意度高	□	
	③ 工具用品清洁，收放整齐	□	
	④ 加热仪器擦拭干净，并归位	□	
	⑤ 工作区域恢复整洁	□	

注：关于评价等级，优秀为A，良好为B，达标为C，未达标为D。

知识技能检测

一、填空题

1．健康的头发主要表现为______、______、______、______四大特征。

2．一根健康的头发能吊起约______g的重物，其强韧度与同等粗细的________相当。

3．湿发受到紫外线照射后会激活__________，切断头发内的化学键，使头发________下降、________消失。

4．毛鳞片遇到碱性物质______，遇到酸性物质______，并具有防止头发内部______流失的作用。

5．皮质层主要由纤维状的角质蛋白组成，中间充满了柔软的_________。

二、判断题

1．洗发时，用手大力揉搓，有利于头发清洗干净，不会对发质产生影响。（　）

2．电热卷发器或电夹板使用不当，会对头发产生损伤，导致毛鳞片剥落。（　）

3．头发细胞膜复合体流失后，作为皮质细胞集合体的皮质层开始损伤。（　）

三、选择题

1．（　）发质应选用具有保湿滋润作用的护发产品。

A．中性　　B．油性

C．干性　　D．受损

2．（　）发质可能产生过度烫发的效果。

A．中度受损　　B．高度受损

C．重度受损　　D．轻度受损

3．在护发产品的各种组成成分中，（　）可改善头发营养状况，使头发光亮、易梳理。

A．表面活性剂　　B．辅助表面活性剂

C．阳离子调理剂　　D．增脂剂

趣味知识阅读

居家DIY护发小妙招

当今社会时尚潮流的更新速度越来越快，各种各样的流行发型层出不穷。发型能够使人展现出不同的风格，对个人形象影响很大，被称为第二张脸。但如果发质干枯受损，便很难达到预期的发型效果，令个人形象大打折扣。可以看出，有时候发质比发型更为重要。所以，现在我们来了解一些居家DIY护发小妙招，让你平时在家便可就地取材，自己调制护发液，使秀发健康柔顺有光泽。

（1）黑豆护发液：取适量黑豆，煮熟留汤，先用黑豆汤洗头发，然后用清水冲洗干净；滴几滴柠檬汁于清水中，再用柠檬水冲洗一遍。该方法可令头发乌黑、亮泽。

（2）蛋清护发液：将鸡蛋清（短发可用3个鸡蛋，长发可用4～5个鸡蛋）搅拌均匀，使其形成泡沫，然后均匀地涂抹在头发上，并保持3～5 min，再用清水冲洗干净。该方法可令头发滋润、光亮。

（3）柠檬护发液：将两片柠檬放入盛满水的脸盆中浸泡（pH值可达到5.0），先用该水洗发，再用清水冲洗。因为酸性柠檬水具有中和碱性成分的功效，故该方法适用于受到碱性洗发水损伤的头皮和头发。

（4）橄榄油护发液：将两个鸡蛋打散直至起泡，一边搅拌一边慢慢加入适量的橄榄油、甘油、优质米醋，使之完全混合；然后将混合液均匀地涂抹在头发上，并保持3～5 min，再用清水冲洗干净。该方法对改善头发干枯具有较好的效果。

（5）白醋护发液：取适量白醋，加入鸡蛋清，搅拌均匀，洗头之后涂抹在头发上，稍加按摩，然后用清水冲洗干净。该方法可有效减少头皮屑的产生，令头发乌黑亮丽。

（6）芦荟汁护发液：取两根较粗的芦荟，去掉叶片两边的刺，用榨汁机磨碎取其汁液。在芦荟汁中加入适量清水进行稀释，用细齿梳将其均匀地涂抹在洗净后的头发上，然后用毛巾将头发包住，保持5 min后再用清水冲洗干净即可。该方法可令头发柔软、有光泽，具有去屑、防脱发、生发、黑发等功效。

项目三 头皮护理

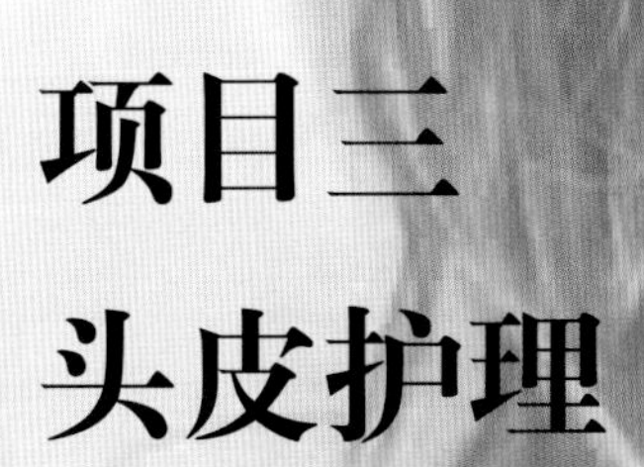

任务一 健康头皮护理

任务二 头皮去屑护理

任务三 脱发头皮护理

项目导读

头皮是头发生长的土壤，头皮健康是头发健康生长的前提与基础。在日常生活中，头皮问题很容易被人们忽视，往往等到头屑、脱发、出油等情况较为严重时才会引起重视，但此时头皮已经受到了严重伤害。因此，在日常生活中，除了要对头发进行定期护理外，还应注意头皮护理，努力营造健康的头皮环境。本项目根据生活实际和教学要求，设置了健康头皮护理、头皮去屑护理与脱发头皮护理三个任务，要求学生掌握头皮护理的基础知识与操作方法。

知识目标

1. 掌握头皮的结构与特点及健康头皮的特征。
2. 掌握头皮状态测试与评估及头皮护理的作用。
3. 了解头屑的类型与原因及其预防措施。
4. 了解脱发的类型与原因及其预防措施。

技能目标

1. 能准确判断顾客的头皮问题并给出有价值的建议。
2. 能按照规范程序完成健康头皮护理过程。
3. 能按照规范程序完成头皮去屑护理过程。
4. 能按照规范程序完成脱发头皮护理过程。

工作流程

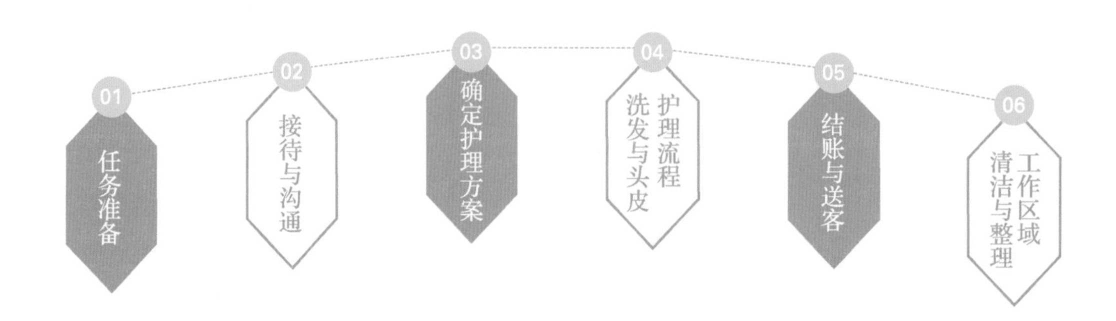

任务一 健康头皮护理

情景引入

李先生从事销售工作，为了让自己在工作交际中更具优势，他比较注重个人形象，不仅经常打理发型，还十分注重头皮健康。但是他工作业绩压力较大，生活不规律，经常熬夜，有吸烟、喝酒的习惯，而且家里长辈有脱发现象，所以他很担心自己也会脱发。趁放假有时间，李先生来到美发店进行头皮检测和护理。

相关知识

一、头皮的结构与特点

头皮是覆盖在颅骨外面的皮肤组织，主要由表皮、真皮、皮下组织和皮肤附属物构成，具有保护颅脑、感知冷热与压力、排汗等作用。

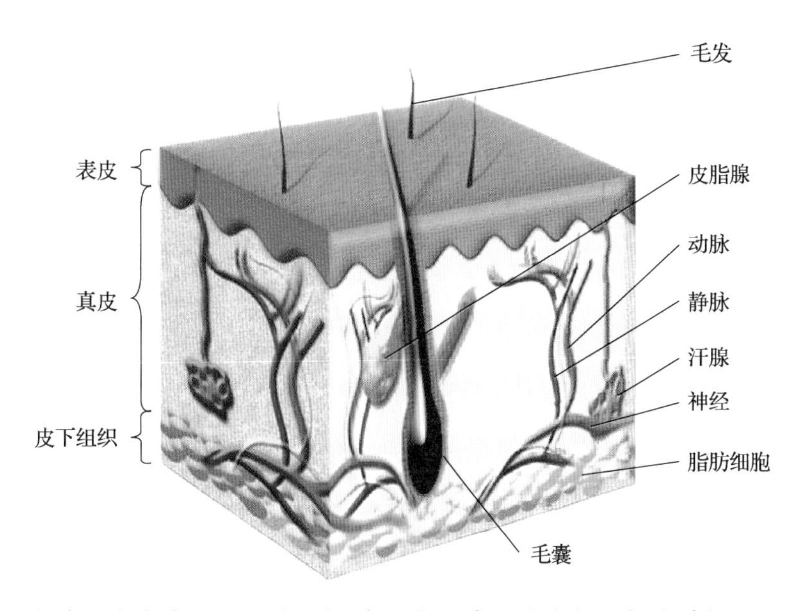

头皮属于特殊的皮肤，含有大量的毛囊、汗腺和皮脂腺。头皮与面部皮肤相比，具有以下特点。

（1）头皮的厚度约为1.476 mm，脸颊上皮肤的厚度约为1.533 mm，鼻子上皮肤的厚度约为2.040 mm。可以看出，头皮比面部皮肤要薄。

（2）头皮的皮脂腺密度为144～192个/cm^2，额头上皮肤的皮脂腺密度为52～79个/cm^2，脸颊上皮肤的皮脂腺密度为42～78个/cm^2。可以看出，头皮的皮脂腺密度是面部皮肤皮脂腺密度的2～3倍。

（3）在一般情况下，历经12 h后，头皮分泌的皮脂量可达到288 μg/cm^2，而面部最容易出油的额头分泌的皮脂量只有144 μg/cm^2。可以看出，头皮分泌的皮脂量是额头分泌皮脂量的2倍。

总之，与面部皮肤相比，头皮更薄、皮脂分泌更加旺盛，而且由于头发的遮挡，头皮清洁比面部皮肤清洁更加困难。

温馨小贴士

头皮上有10万～15万个毛囊，毛囊的数量是先天决定的。毛囊与皮脂腺相连，头发密度越高的部位皮脂腺的数量越多。

二、健康头皮的特征

健康的头皮可促进头发生长，其特征主要表现为以下几个方面。

良好的水油平衡： 水油平衡的头皮环境是头发生长的基础，若油脂分泌过多，会阻碍毛囊的正常呼吸和营养吸收，影响头发的正常生长。

稳定的菌群平衡： 当头皮菌群平衡时，能够抑制有害菌群生长，促进有益菌群生长，从而为头发生长提供相对稳定的生态环境；当头皮菌群不平衡时，会引起头屑增多、头皮瘙痒、头皮红疹及炎症等问题。

头发数量相对恒定： 头皮上的毛囊数量是一定的，在正常情况下，处于生长期、退行期、休止期的头发比例基本恒定，因此健康头皮中的头发数量相对恒定。

酸碱度保持平衡： 头皮会自然分泌一些油脂类物质，所以头皮本身呈弱酸性。虽然头皮的酸碱度无法直观判断，但酸碱平衡的头皮表现为无头屑、无过敏、无发炎等，而且头发光亮柔顺。

头皮保护功能完好： 在日常的风吹日晒，特别是紫外线、沙尘、空气污染、气温变化等条件下，头皮会受到不同程度的伤害。此时，头皮的保护功能就显得尤为重要。完好的头皮保护功能可以有效避免头皮在恶劣环境中发生明显的晒伤或过敏等现象。

此外，健康头皮呈青白色，每个毛囊有2～4根头发，毛囊口呈旋涡状。

根据健康头皮的特征，观察与分析头皮时，应注意以下两点。

（1）分析头皮表面皮肤，如头皮颜色、角质层的堆积程度等。

（2）分析头皮毛囊口的环境，如毛囊口的形状、油脂量、头发根数等。

温馨小贴士

表皮层为皮肤的最外层，表皮层由外而内可细分为五层：角质层、透明层、颗粒层、有棘层、基底层。角质层作为头皮的最外层部分，主要由10～20层扁平且没有细胞核的死亡细胞组成。

三、头皮状态测试与评估

在进行头皮测试时，可简单地将一片纸巾放在头皮上1 min左右，若纸巾上出现油迹，可判断为油性头皮；若纸巾上几乎看不到油迹，可判断为干性头皮；若纸巾上出现如同夏季出汗时手指留下的痕迹，可判断为正常健康头皮。此外，为了更详细地评估头皮状态，通过初步观察并与顾客沟通交流后，可根据头皮颜色和头皮出油状况判断头皮性质。

头皮性质判断

头皮颜色	头皮出油状况	头皮性质
苍白色	洗发后4～5天，头皮有油腻感	干性头皮
灰白色	洗发后3～4天，头皮有油腻感	正常偏干性头皮
青白色	洗发后2～3天，头皮有油腻感	正常健康头皮
褐绿色	洗发后1～2天，头皮有油腻感	正常偏油性头皮
褐黄色	洗发后1天，头皮有油腻感	油性头皮
深褐色	洗发后几个小时，头皮有严重的油腻感	脂溢性头皮

四、头皮护理的作用

常见的头屑、脱发等问题都与头皮健康状况不佳密切相关。因此，要保持头发健康靓丽，应注意头皮护理。在进行头皮护理时，通过对头皮进行清洁和按摩，可以使头皮保持干净清爽，改善出油与头屑问题；同时按摩还可促进头皮血液循环，增强新陈代谢，刺激头发生长，让新生的发丝更加健康。此外，头皮护理还具有舒缓作用，可放松因压力过大而紧绷的头皮，缓解头痛、头皮敏感或瘙痒等问题。

温馨小贴士

头皮是全部皮肤中老化最快、自由基含量最高的部位。头皮老化的速度是面部皮肤的6倍，是身体皮肤的12倍。头皮是面部皮肤的延伸，老化松弛的头皮会导致嘴角、眼角下垂，额头形成皱纹。因此，应注意头皮护理，预防头皮衰老问题。

任务实施

一、任务准备

工作环境干净整洁，仪器设备完好，服务人员卫生仪表符合工作要求。除常用的洗护发工具用品外，头皮护理操作中还应准备好头皮护理产品，如头皮调理剂、头皮平衡液、去屑药剂、防脱发产品等。

二、接待与沟通

（1）针对顾客的需求进行沟通交流，询问顾客的基本情况，并给予适当的建议，最终确定头皮护理方案。

（2）请顾客在美发椅上坐好，按操作规程完成围毛巾等操作。

（3）借助仪器进行头皮检测，认真分析检测结果，准确判断头皮状况，为顾客提供有价值的建议。

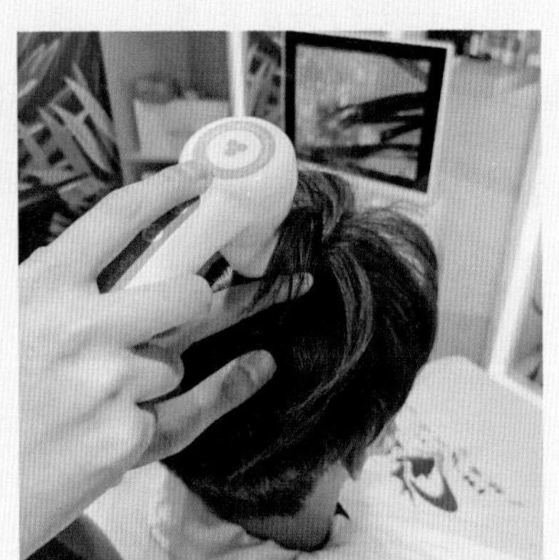

头皮检测与护理

三、洗发与头皮护理操作

(1) 选用适合顾客的洗发产品，对头发与头皮进行清洁，然后将头发擦至五成干。

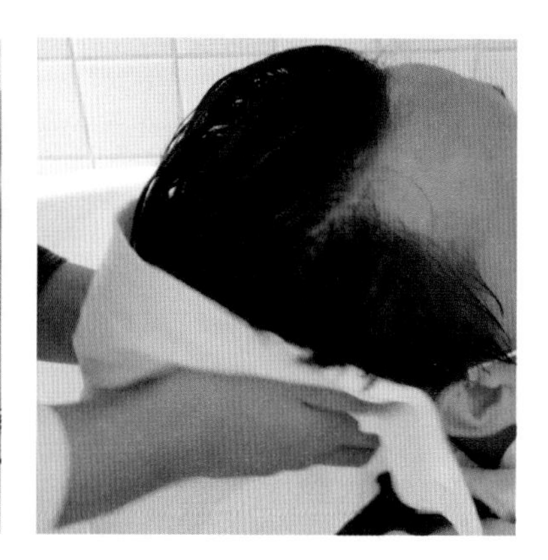

(2) 将头发梳理整齐，并在头顶中间将头发分开，利用发夹固定。

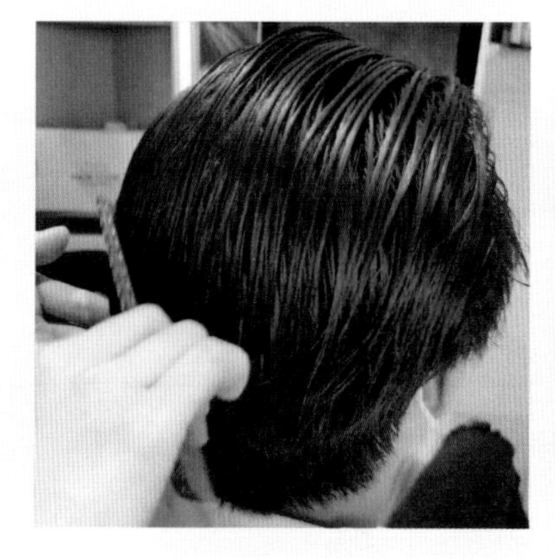
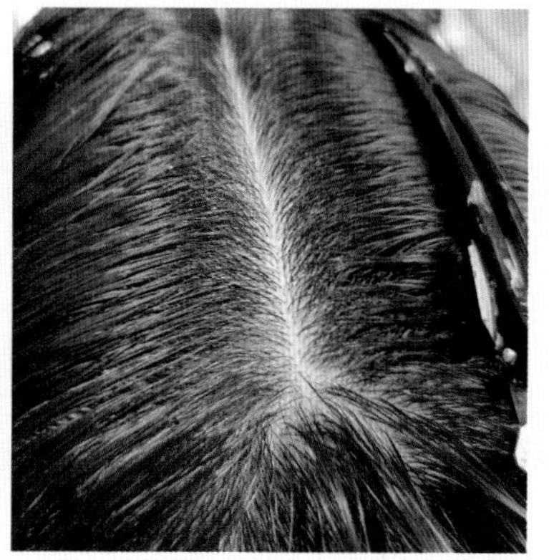

(3) 从前额发际线中间到头顶为第一道放射线，将头皮调理剂从后向前涂抹在所分发线的头皮上。

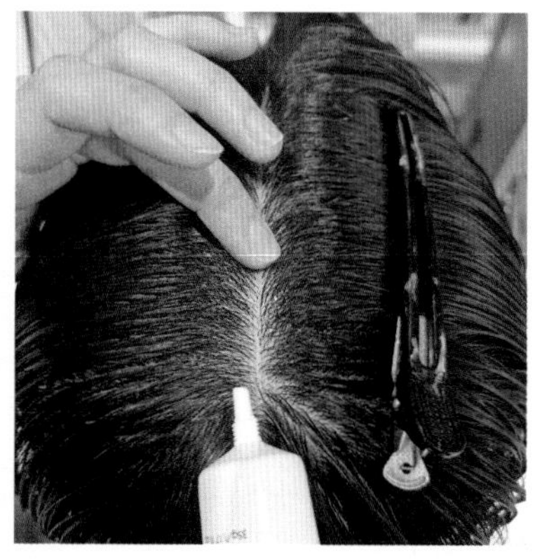

温馨小贴士

分发线要均匀，每次取出的头皮调理剂量要适当。

(4) 以第一道放射线为起点，依次向左、向右、向后将头皮调理剂涂抹在全部头皮上。

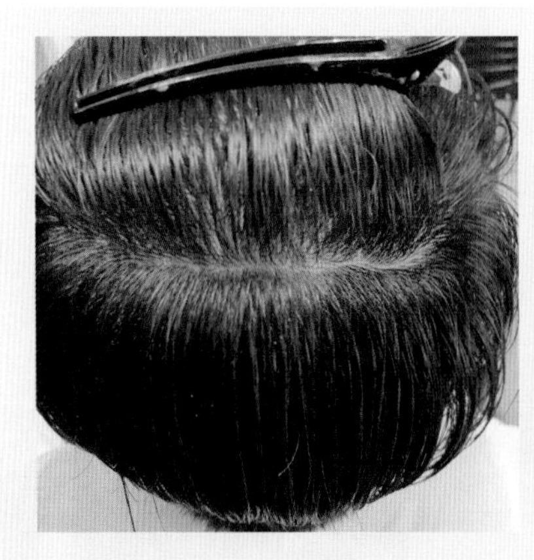

温馨小贴士

要做到均匀涂抹，不能有漏掉的地方。

(5) 双手五指张开放于头部，用手指指腹打圈按摩。通常按摩时间约为15 min，以促进头皮充分吸收头皮调理剂。

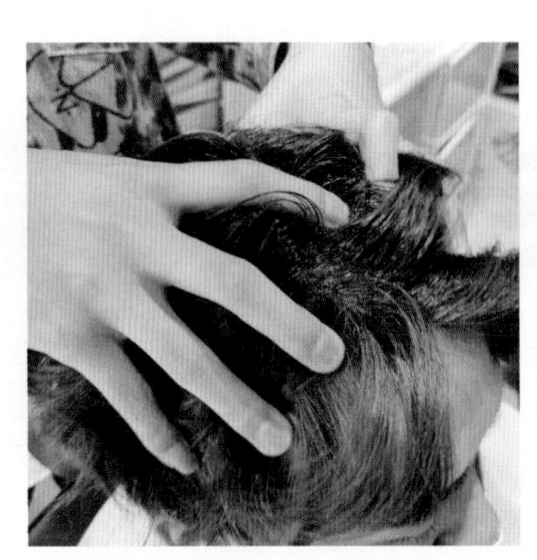

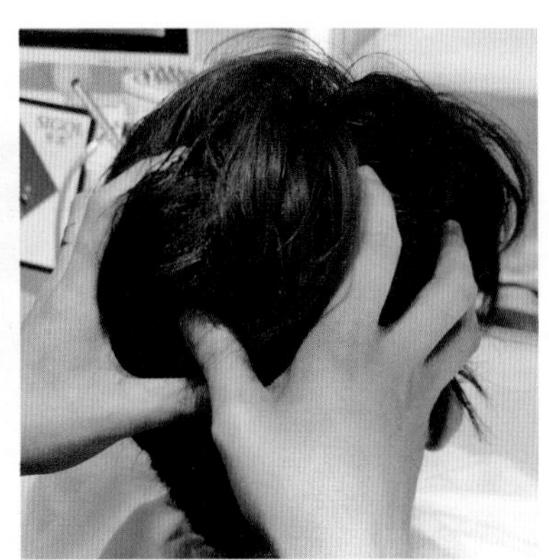

温馨小贴士

按摩手法与力度要适中，节奏不宜过快，头皮每个部位都要按摩到。

(6) 用温水将头皮调理剂彻底冲洗干净，并用毛巾将头发擦至五成干。

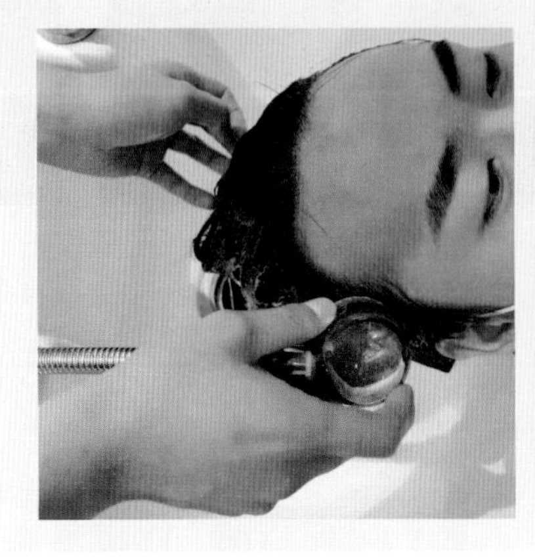

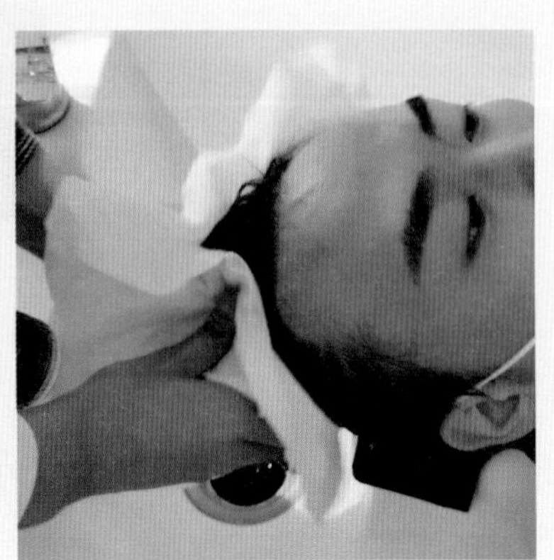

(7) 按照放射式涂抹的顺序，在头皮上均匀涂抹头皮平衡液，简单按摩两分钟后，根据顾客需求进行吹风造型。

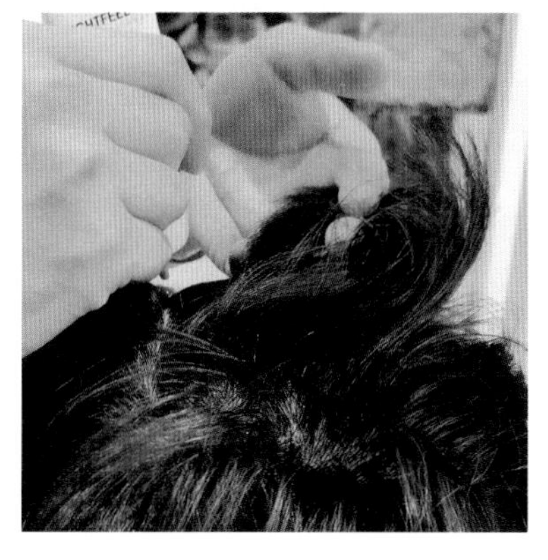
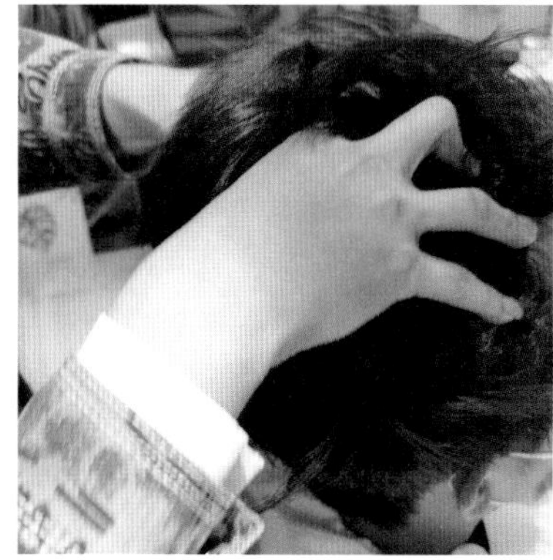
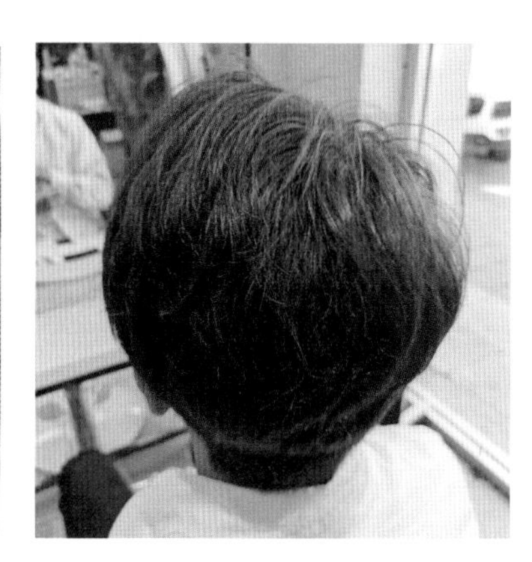

四、收尾工作

(1) 征求顾客意见，待顾客满意后，引领其结账，并送客。

(2) 整理工作环境，保持工具用品与设备清洁，并做到及时归位。

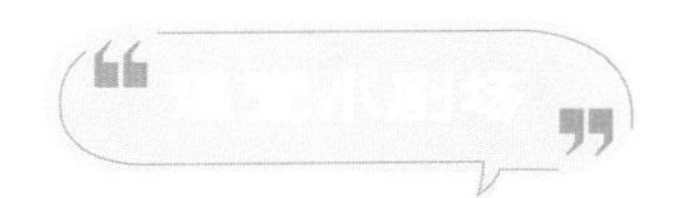

接待人员：您好，欢迎光临，请问您今天需要什么服务？

顾客：做头皮检测，还要清洁和护理头皮。

接待人员：好的，请问您有预约吗？

顾客：没有。

接待人员：那请您稍等，我马上去帮您安排洗护师，好吗？

顾客：好的。

……

洗护师：您好，我是今天为您服务的洗护师，您有东西需要放储物柜里吗？

顾客：没有。

洗护师：那我帮您穿上客袍，好吗？

顾客：好的。

洗护师　您请坐，我帮您围上毛巾和围布，您感觉松紧度合适吗？

还可以。　顾客

洗护师　为了更全面地了解您的头皮健康状况，可以请问您几个问题吗？

可以。　顾客

洗护师　您平时会受到哪些头皮问题困扰呢？

洗发后出油较快，如果第二天不洗，头皮就会发痒。另外，我工作压力较大，经常熬夜，而且家里长辈有脱发现象，担心自己也会脱发。　顾客

洗护师　好的，您的情况我了解了。现在我用头皮检测仪器仔细检查一下您的头皮状况。

好。　顾客

洗护师　通过对您头皮的观察及检测，您属于油性头皮，目前头皮还算健康。虽然说脱发遗传的可能性较大，但也不一定遗传，可是您如果不改掉不良习惯的话，很容易引起脱发。脱发还与年龄有关，为了预防脱发，您这种情况需要定期进行头皮检测和护理。我们今天进行头皮基础护理，好吗？

好的。　顾客

洗护师　您这边请，我们去洗发室。接下来我会用去油清爽型洗发水为您洗发。

好的。　顾客

洗护师　请慢慢躺在洗发椅上，您这样躺着脖子还舒服吗？

还行。　顾客

洗护师　现在开始为您洗头。这个水温可以吗？

可以。　顾客

洗护师　头发已经洗好，您可以坐起来了。这边请。

……

洗护师　现在开始为您涂抹头皮调理剂，好吗？

好的。　顾客

洗护师　现在为您按摩一下来促进头皮调理剂的吸收，您感觉按摩力度还可以吗？

可以。　顾客

洗护师　您这边请，我们再去冲洗一下头发。

……

洗护师：在吹风造型前，先为您涂抹头皮平衡液。

顾客：好的。

洗护师：请问您对今天的头皮检测与护理效果还满意吗？

顾客：满意。

洗护师：谢谢，请问您还有其他需求吗？

顾客：没有了。

洗护师：您请这边结账。

……

洗护师：欢迎下次光临！再见！

顾客：再见。

任务评价

在进行健康头皮护理的过程中，应按照任务标准认真检查每一项工作内容，并做好记录。

健康头皮护理任务评价表

项 目	标 准	评价等级	存在问题与解决方法
准备工作	①工作环境整洁，工具用品齐全 ②个人卫生仪表符合工作要求	□ □	
服务规范	①服务热情周到，礼仪话术使用恰当 ②关注顾客感受，及时询问顾客意见	□ □	
操作标准	①准确分析顾客头皮状况 ②洗发保护措施得当 ③洗发操作规范，清洁效果良好 ④头皮护理产品涂抹全面、均匀 ⑤按摩手法得当、力度适宜 ⑥头发冲洗干净，擦发与包发规范	□ □ □ □ □ □	
收尾工作	①头皮干净清爽，放松效果好 ②顾客感觉舒适，满意度高 ③工作区域恢复整洁，工具用品归位	□ □ □	

注：关于评价等级，优秀为A，良好为B，达标为C，未达标为D。

任务二 头皮去屑护理

情景引入

吴先生工作认真努力，上进心强。这段时间他一边工作，一边准备职业资格证书考试，所以压力较大，睡眠不足，而且容易疲劳。一天上班的时候，旁边的同事关心地问他是不是最近压力很大，提醒他最近头屑问题有些严重。他这才发现自己肩上落了好多头屑，感到有些尴尬。下班后他便直接去了美发店，希望可以改善自己的头屑问题。

相关知识

常见的头皮问题主要有头屑、脱发等。本任务主要介绍头屑问题及头皮去屑护理。

头屑分为生理性头屑和病理性头屑。

生理性头屑是指在表皮细胞发生角质化的过程中，经历基底层→有棘层→颗粒层→透明层→角质层的变化后，死亡的表皮细胞以鳞状或薄片状自动脱落形成的头屑，它是人体头部表皮细胞正常新陈代谢的产物。

头屑问题产生的原因及预防

病理性头屑是指当头皮上自然存在的马拉色菌（一种真菌）大量繁殖引起头皮角质层过度增生时，老化角质以白色或灰色鳞屑的形式异常脱落形成的头屑，它是一种疾病，医学上称为头皮糠疹。下面主要介绍病理性头屑，简称头屑。

一、头屑的分类

头屑可分为干性头屑和油性头屑。

干性头屑：是由异常脱落的老化角质与汗液混合形成的，通常为银白色细屑或片体，多见于皮脂分泌量偏少的人群。头皮干燥会引起老化角质不能紧密结合而出现大量头屑。

油性头屑：是由异常脱落的老化角质与油脂混合形成的，一般多附着于头皮上，通常为银白色的膏状，多见于皮脂分泌量较多的人群。

温馨小贴士

油性头屑中的油脂含有三酰甘油，头皮上的菌群会将其分解为游离脂肪酸，该物质会刺激头皮，导致瘙痒。具有油性头屑的人，应注意保持头皮与头发清洁。

二、头屑问题及其原因

1. 头屑问题的不同情况

（1）头皮正常，仅仅有头屑，梳理头发时头屑会掉落，这种情况称为头皮单纯糠疹。

（2）头屑较多，头皮真菌检测为阳性，同时伴有脱发，这种情况称为头皮白癣。

（3）头皮上有红斑，皮层很厚，头屑非常多，头发成束，且身体其他部位也有皮疹，这种情况可能是银屑病。

（4）头皮上有红斑，鳞屑十分油腻，头发油腻干枯，这种情况可能是脂溢性皮炎。

（5）头皮上的鳞屑非常厚，呈干燥的粉末状，这种情况可能是头皮石棉状糠疹。

2. 头屑问题产生的原因

头屑问题产生的主要原因是头皮上菌群平衡被破坏而引起的表皮细胞功能失调。其中，菌群平衡被破坏的原因包括以下几种情况。

（1）洗发水或泡沫没有冲洗干净。

（2）使用了强力去油的不良洗发水。

（3）饮食不当，饮酒或食用刺激性食物。

（4）自律神经容易紧张，外在环境不良。

（5）过度疲劳或睡眠不足，使身体机能逐渐失序，导致头皮新陈代谢过快。

（6）胃肠障碍，营养摄入不均衡，缺乏维生素A、维生素B_6、维生素B_2。

（7）使用不良美发品，导致头皮角质层脱落。

（8）内分泌紊乱或季节转换。

温馨小贴士

自律神经是指独立自主而无法用人的意志去控制的神经，该神经掌控了唾液分泌、胃肠蠕动、膀胱收缩等功能。

三、头屑问题的预防措施

头屑问题的预防措施主要包括以下几点。

（1）良好的生活习惯。保持睡眠充足和心情愉快，多参加体育运动，合理安排工作与休息，适当调整减压；搞好个人和家庭卫生，分开使用毛巾、枕巾、梳子等用品。

（2）健康饮食。多吃一些能起到润发作用的食物，如水果、豆类、海带等，少吃刺激性的煎炸食物等。

（3）正确洗发。根据自身头发与头皮状况，确定合理的洗发频率并选择适合的洗护发产品。此外，不要将洗发水直接倒在头皮上，应先在手中略微加水揉搓出丰富的泡沫后再均匀地涂抹到头发上。

温馨小贴士

出现头屑问题时，应注意以下两点。

（1）避免用力梳理或用指甲搔头等损伤头皮的动作。

（2）若为干性头屑，应使用温和的滋润型洗护发产品，及时进行补水补油，并注意多摄入富含维生素A和动物蛋白的食物；若为油性头屑，应使用具有去油、杀菌效果的清爽型洗护发产品，并注意多摄入富含维生素B_2、维生素B_6的食物。

任务实施

一、接待与沟通

（1）针对顾客需求进行沟通交流，询问顾客的基本情况，并给予适当的建议，最终确定头皮护理方案。

（2）根据操作规程完成垫围布、围毛巾等操作。

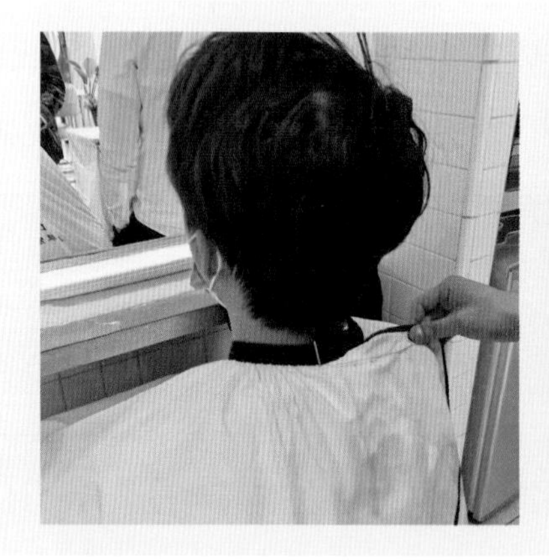

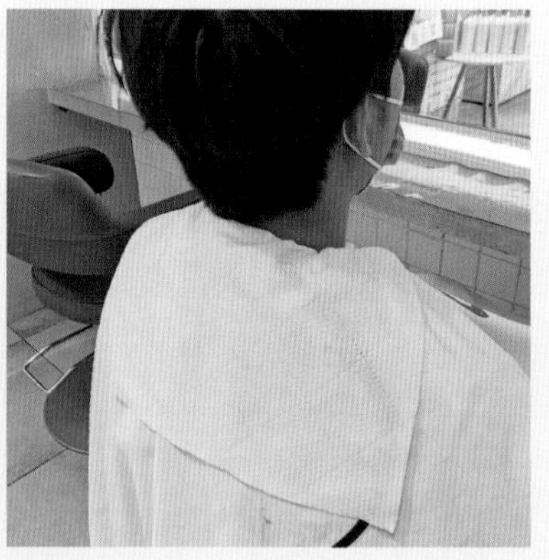

（3）认真观察顾客的头皮与头发，借助仪器进行头皮检测，准确判断头皮状况，为顾客提供有价值的建议。

二、洗发与头皮护理操作

1. 洗发操作

(1) 选用适合顾客头皮情况的去屑洗发产品，全面揉搓头皮与头发。

头皮去屑护理

温馨小贴士

洗发手法力度适中，节奏不紧不慢。

(2) 用按压的方法按摩头皮15 min，彻底清洁头皮并去除头屑。

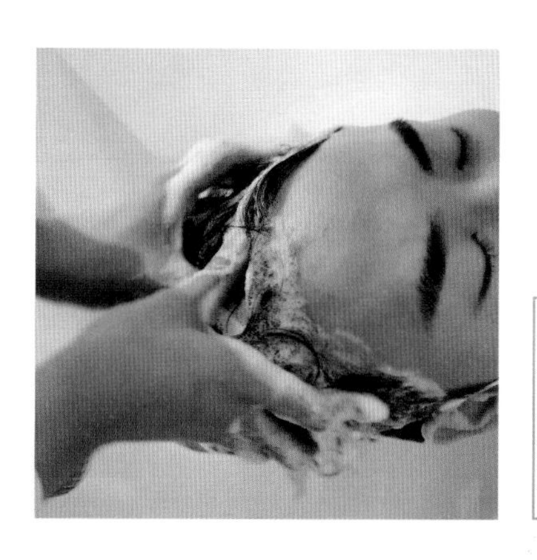

温馨小贴士

用指腹按摩头皮的各个部位，促进头皮血液循环。

(3) 先用温水将头发彻底冲洗干净，再用毛巾轻轻擦干发际边缘的水渍，用毛巾将头发包起来。

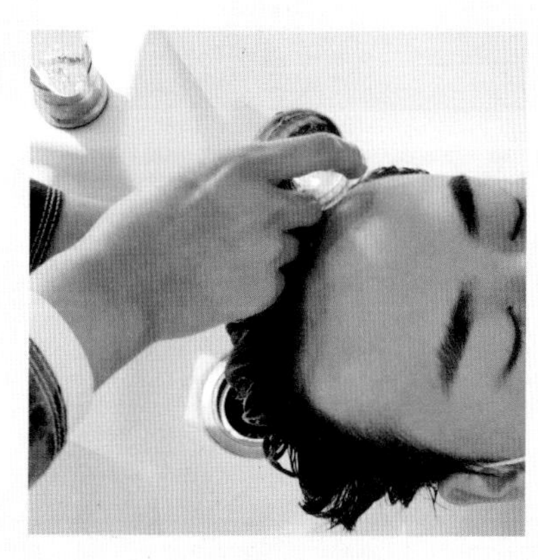

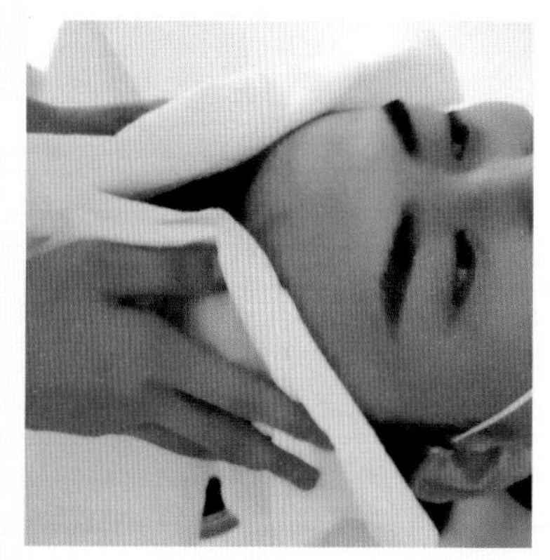

2．头皮护理操作

（1）将头发擦至五成干并梳理整齐，在头顶中间将头发分开，并利用发夹固定。

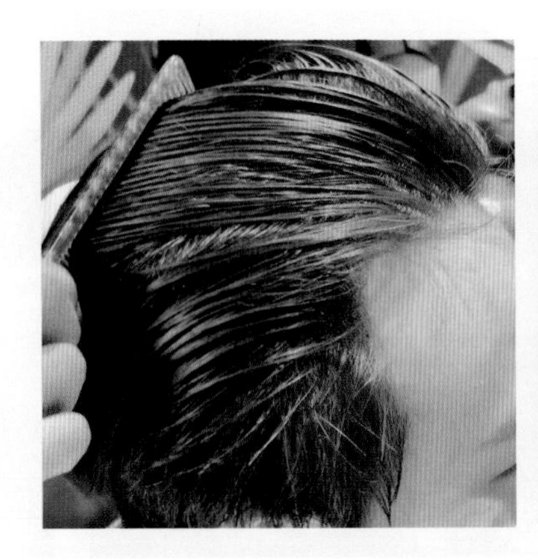

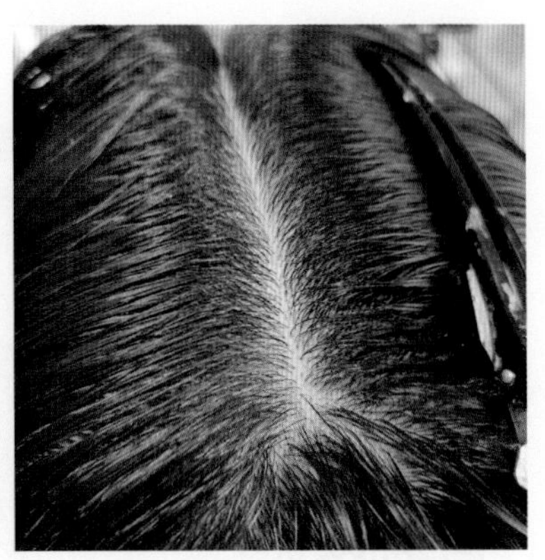

（2）从前额发际线中间到头顶为第一道放射线，将去屑药剂从后向前涂抹在所分发线的头皮上。

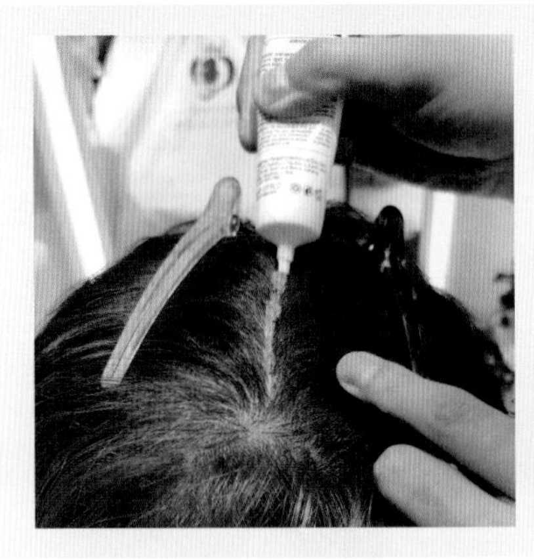

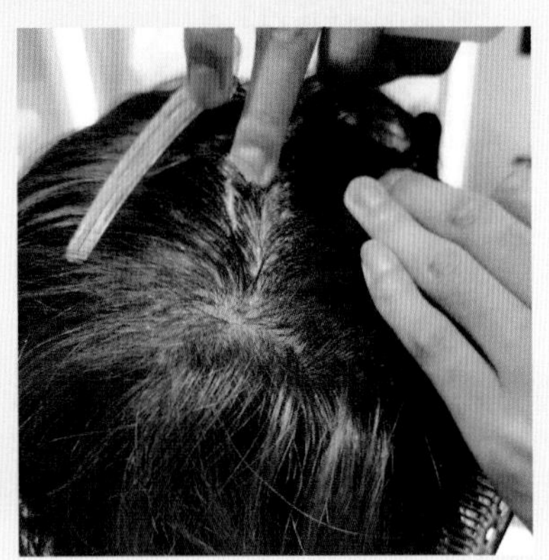

（3）以第一道放射线为起点，依次向左、向右、向后将去屑药剂涂抹在全部头皮上。

(4) 双手五指张开放于头部，用手指指腹打圈按摩。通常按摩时间约为15 min，以促进去屑药剂更好地发挥作用。

(5) 用温水将头皮与头发彻底冲洗干净。仔细检查头皮清洁状况，观察是否有头屑残留。若有残留，则应继续冲洗。

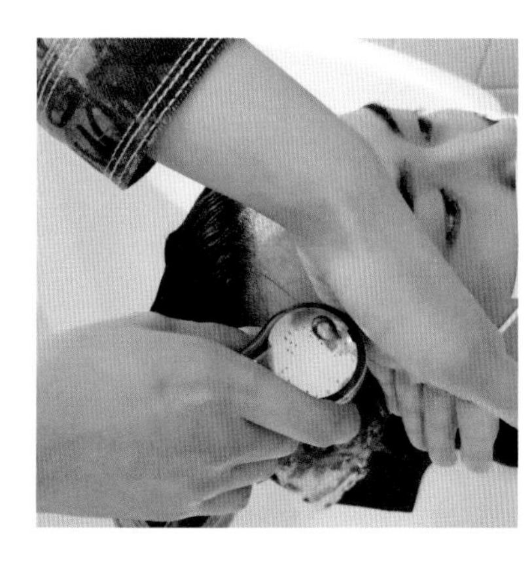
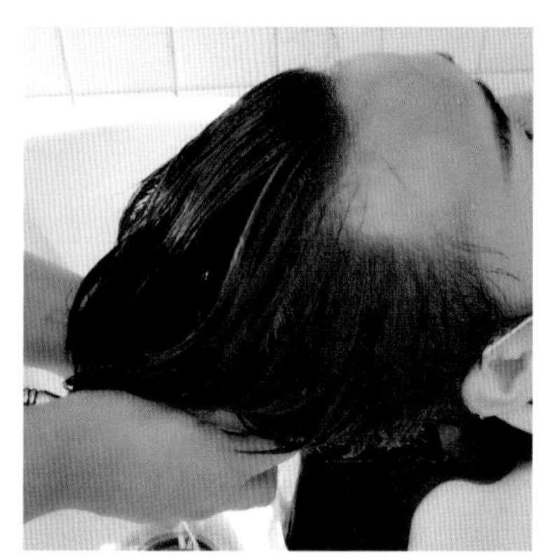

(6) 根据顾客需求进行吹风造型。

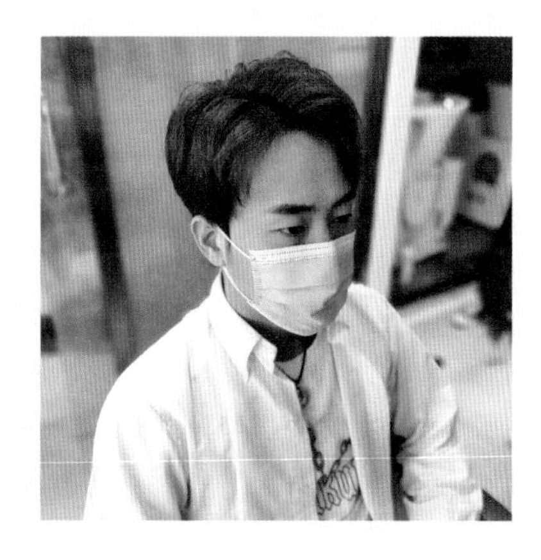

三、收尾工作

(1) 征求顾客意见，待顾客满意后，引领其结账，并送客。

(2) 整理工作环境，保持工具用品与设备清洁，并做到及时归位。

课堂小剧场

接待人员：您好，欢迎光临，请问您今天需要什么服务？

顾客：最近头屑问题有些严重，做一下头皮去屑护理。

接待人员：好的，请问您有预约吗？

顾客：没有。

接待人员：我先把您的随身物品存一下好吗？

顾客：好的。

接待人员：您的一个文件包和一件外套存在了××号柜子里，这是钥匙，您收好。

顾客：好的。

接待人员：那请您稍等，我马上去帮您安排洗护师。

……

洗护师：您好，请坐，我是今天为您服务的洗护师，先帮您围上围布和毛巾，您感觉松紧度合适吗？

顾客：还可以。

洗护师：为了更全面地了解您的头皮健康状况，可以问您几个问题吗？

顾客：好的。

洗护师：您平时会受到哪些头皮问题困扰呢？

顾客：最近头屑问题特别严重。

洗护师：您最近是不是压力有些大？有没有失眠情况呢？

顾客：对，前段时间工作压力有些大，而且还在准备一个考试，睡眠严重不足。

洗护师：好的，您的情况我了解了。现在我用头皮检测仪器仔细检查一下您的头皮状况，好吗？

顾客：好的。

洗护师：通过刚才对您头皮的观察与检测，您属于干性头皮，出现头屑问题的主要原因是过度疲劳和睡眠不足，使身体机能有些失序，导致头皮新陈代谢过快。接下来我会用去屑产品为您清洁头皮与头发，并配合使用去屑药剂进行头皮护理，好吗？

顾客：好的。

洗护师：您这边请，我们先去洗发室为您清洗头发。

顾客：好的。

洗护师：请慢慢躺在洗发椅上，您这样躺着脖子还舒服吗？

顾客：还行。

洗护师：现在开始为您洗头。这个水温可以吗？

顾客：可以。

洗护师：您感觉按摩力度还可以吗？

顾客：可以。

洗护师：头发已经洗好，您可以坐起来了。这边请。

……

洗护师：现在开始为您涂抹去屑药剂。

顾客：好的。

洗护师：为您按摩一下头皮来促进去屑药剂吸收，您感觉按摩力度还可以吗？

顾客：可以。

洗护师：您这边请，我们再去冲洗一下头发。

……

洗护师：请问您对今天的头皮检测与去屑效果还满意吗？

顾客：满意。

洗护师：谢谢。请问您还有其他需求吗？

顾客：没有了。

洗护师：您请这边结账。

……

洗护师：欢迎下次光临！再见！

顾客：再见。

任务评价

在进行头皮去屑护理的过程中，应按照任务标准认真检查每一项工作内容，并做好记录。

头皮去屑护理任务评价表

项 目	标 准	评价等级	存在问题与解决方法
准备工作	① 工作环境整洁，工具用品齐全	□	
	② 个人卫生仪表符合工作要求	□	
服务规范	① 服务周到，注重礼仪	□	
	② 使用恰当的语言与顾客沟通头屑问题	□	
	③ 关注顾客感受，及时询问顾客意见	□	
操作标准	① 仔细检查头皮，准备判断头屑问题原因	□	
	② 洗发保护措施得当	□	
	③ 洗发操作规范，清洁效果良好	□	
	④ 分发线均匀，去屑药剂涂抹全面	□	
	⑤ 按摩手法连贯、力度适宜	□	
	⑥ 头发冲洗干净，擦发与包发规范	□	
收尾工作	① 头皮干净清爽，去屑效果良好	□	
	② 顾客感觉舒适，满意度高	□	
	③ 工作区域恢复整洁，工具用品归位	□	

注：关于评价等级，优秀为A，良好为B，达标为C，未达标为D。

任务三 脱发头皮护理

情景引入

沈女士前几天参加演出时，妆发师为了让她的发型有更好的呈现效果，在头发上喷了大量发胶。演出结束后，她感觉头皮有些痒，仔细检查发现头皮发红，出现了过敏现象。虽然最近几天头皮瘙痒和过敏现象逐渐减轻，但她却发现头发脱落严重，每次梳理头发时都会掉很多。她担心自己是由于使用不良美发产品对头皮造成了损伤，于是便来到美发店进行头皮检测与护理。

相关知识

脱发可分为生理性脱发和病理性脱发。

生理性脱发是指处于休止期的头发在梳理或洗发时的自然脱落。一般每天脱落50～100根头发为正常的代谢现象。

病理性脱发是指头发异常或过度脱落。

头发怎么越来越少

一、脱发的类型及原因

根据脱发原因不同，脱发可分为脂溢性脱发、斑秃、物理性脱发、化学性脱发、营养代谢性脱发、感染性脱发、内分泌失调性脱发等。

1. 脂溢性脱发

脂溢性脱发又称雄性激素源性脱发，是由于遗传、荷尔蒙、年龄等因素引起毛囊出现进行性萎缩或微型化的病症。这种病症多见于皮脂腺分泌旺盛的青壮年，以男性为主，且脑力劳动者居多。脂溢性脱发症状在男性中表现为：从前额和两鬓开始脱发，前发际线逐渐后移，随着年龄增长，头顶的头发逐渐脱落，枕部和两鬓仍有头发剩余。

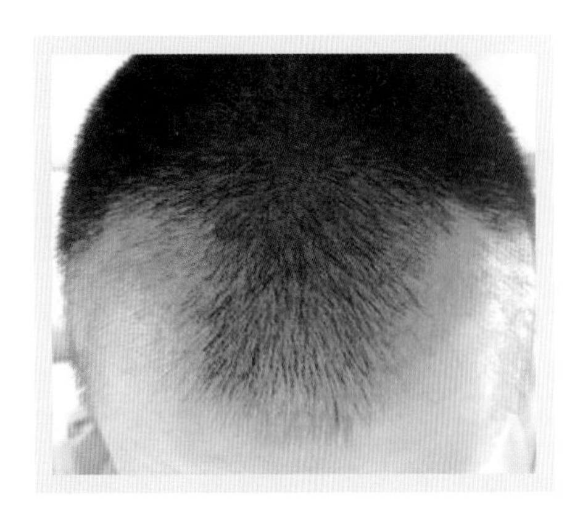
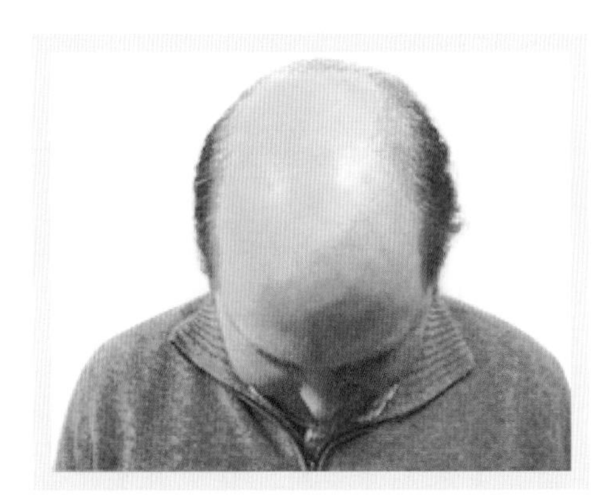

温馨小贴士

从事复杂脑力劳动的人，精神压力和脑力消耗较大，会刺激机体自主神经和内分泌系统做出适应性调整，以维持新陈代谢与免疫功能等的生理平衡；同时会还分泌较多的雄性激素，来增强分析与判断能力。但较多的雄性激素会导致皮脂腺分泌旺盛，引起脂溢性脱发，使人的性情变得急躁。

脂溢性脱发症状在女性中比较少见，通常女性的脱发程度较轻，多为弥散性脱发，头顶较为明显。

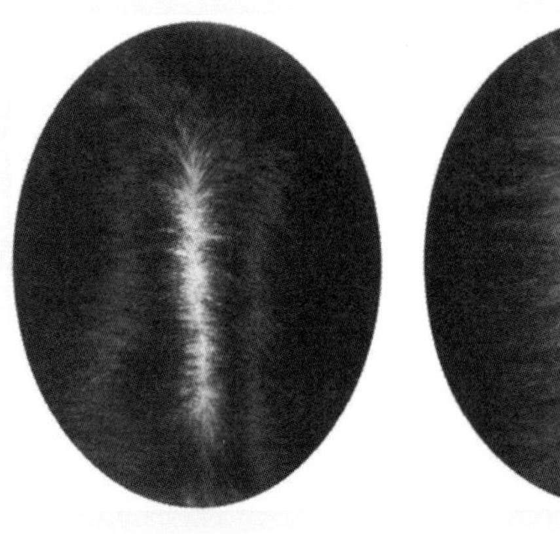
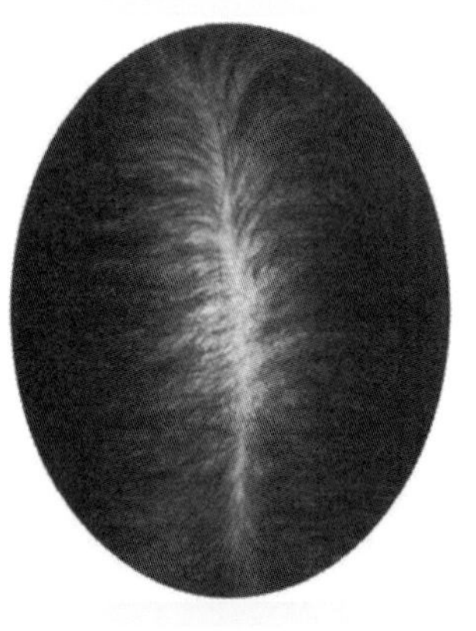
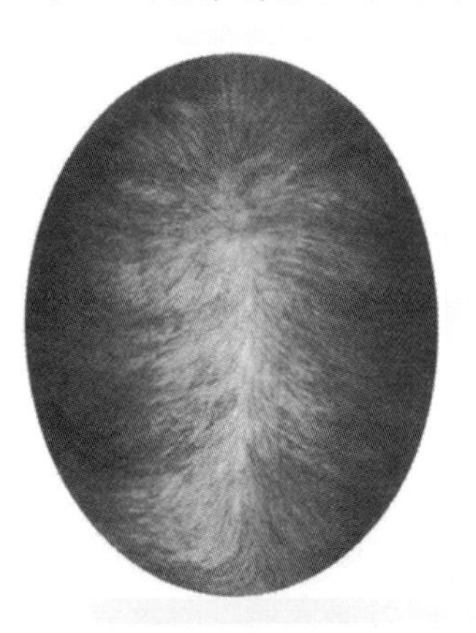

2．斑秃

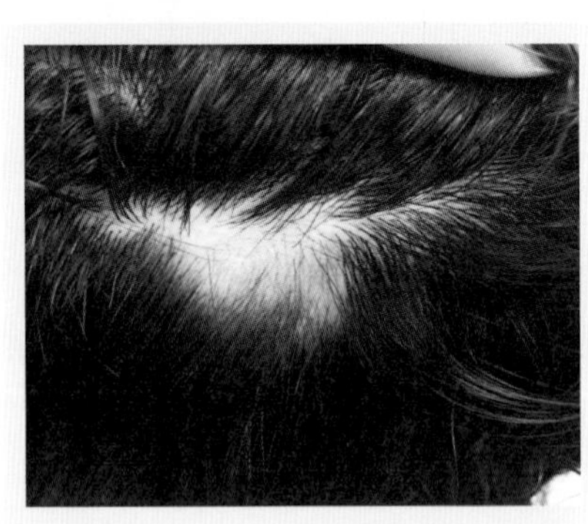

斑秃俗称“鬼剃头”，是一种突然发生的局部性斑片状脱发。这种病变处头皮正常，头发成块状脱落，脱发区域边缘头发极易拔出。这种病症多见于青壮年男性，不少患者发病前有精神创伤，如长期焦虑悲伤、精神紧张或情绪不安等。

3．物理性脱发

物理性脱发是一种较为常见的脱发类型，主要有特殊发型或局部摩擦等造成的机械性脱发、灼伤性脱发和放射性损伤脱发等。

4．化学性脱发

化学性脱发包括药物性脱发和美发用品性脱发。药物性脱发多见于接受抗癌药物治疗的患者及长期使用某种化学制剂或药品的人群；美发用品性脱发多见于经常烫染头发及使用定型泡沫、发胶等对头发与头皮具有破坏作用的美发用品的人群。

5. 营养代谢性脱发

引起营养代谢性脱发的原因有食糖或食盐过量，蛋白质、铁、锌摄入量不足，硒摄入量不足或过量，患有某些代谢性疾病，如精氨基琥珀酸尿症、高胱氨酸尿症、遗传性乳清酸尿症、甲硫氨酸代谢紊乱等。

6. 感染性脱发

由于真菌、寄生虫、病毒等因素造成的脱发称为感染性脱发。例如，头部水痘、带状疱疹病毒、人类免疫缺陷病毒、麻风杆菌、结核杆菌等引起的头癣均会导致脱发。局部皮肤病变也会导致脱发，如脂溢性皮炎、寄生虫感染等。

7. 内分泌失调性脱发

由于内分泌腺体机能异常造成体内激素水平失调而导致的脱发称为内分泌失调性脱发。例如，产后、更年期、口服避孕药等在一定时期内会引起雌激素分泌不足而导致脱发；甲状腺功能低下或亢进、垂体功能减退、肾上腺肿瘤、肢端肥大症晚期等也会导致脱发。

温馨小贴士

对于各种因疾病导致的脱发，应及时去正规医院向专业医生寻求帮助并积极治疗。

二、脱发的预防措施

怎样让头发更多

脱发的预防措施主要包括以下几点。

（1）调整心态，保持良好的心情和充足的睡眠。合理安排工作与休息，进行适当的运动和锻炼，缓解心理压力，改善精神状态。

（2）健康饮食，补充头发所需的营养。忌食辛辣、烟酒等刺激性的食物，并注意多摄入富含植物蛋白、维生素A、维生素E、维生素P的食物，如鱼、虾、青菜、豆腐、核桃、芝麻、海带等。

（3）选择正确的洗发水和洗发方法，改善头发的生长环境。选择温和的洗发水，可减少对头皮的刺激；保持适宜的洗头频率，能较长时间保持头皮清爽。

经验传承

防治脱发时，可根据头部各处脱发程度的不同，相应地补充营养。例如，若前发际线周围发量较少，宜吃红色的水果，如苹果、西瓜、草莓等；若后脑发量较少，宜吃新鲜蔬果，戒烈酒、浓茶、咖啡等。此外，黑芝麻、核桃等有助于使头发变得更加乌黑、浓密。

三、脱发的护理方法

脱发的护理方法可归纳为“清、调、补、巩”四个要点。首先用洗发水对头发与头皮进行清洁，清洗头发表面的灰尘与污垢；再用温和的基础调理剂软化头皮上的固态油脂与老化角质，配合按摩手法，对头皮进行调理；然后用防脱发产品补充毛囊所需的营养，改善毛囊环境；最后用头皮平衡液进行渗透，巩固护理效果，让毛囊保持正常的分泌与代谢。

怎样洗发可以减少掉发

任务实施

一、接待与沟通

(1) 细心接待，引领顾客进店，针对顾客需求进行沟通交流。

(2) 按操作规程完成围毛巾、垫围布等操作。

(3) 借助仪器进行头皮检测，认真分析检测结果，准确判断头皮状况，为顾客提供有价值的建议，确定本次服务方案。

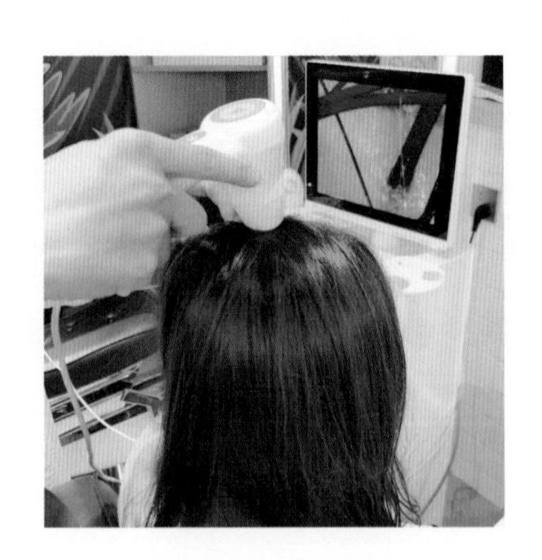

二、洗发与头皮护理操作

(1) 选用适合顾客的洗发产品，清洗头发并按摩头皮，然后将头发擦至五成干。

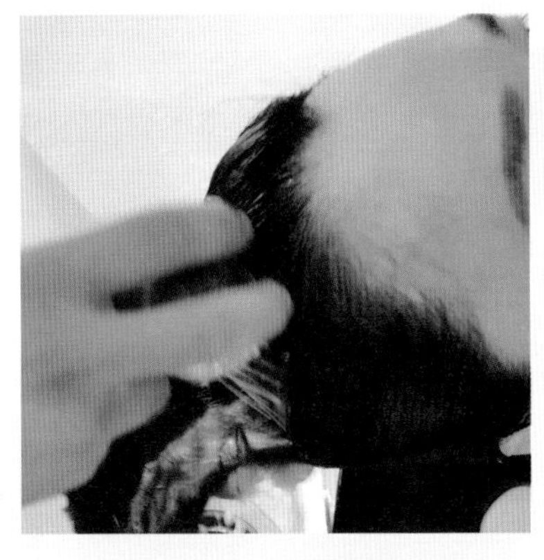

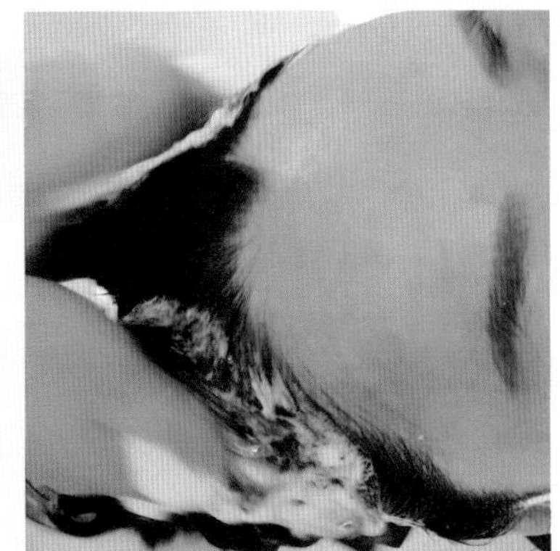

脱发头皮护理

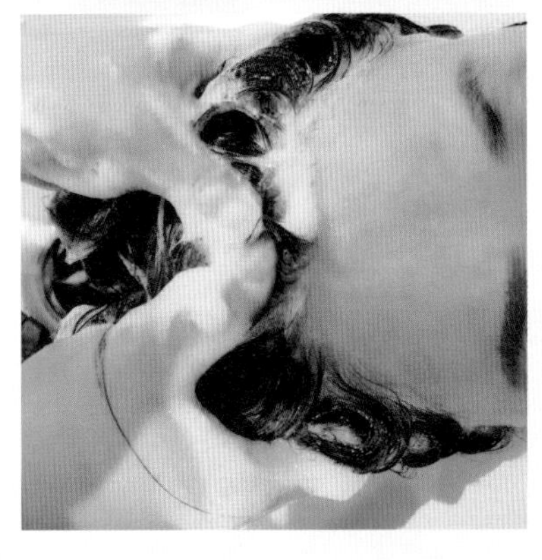

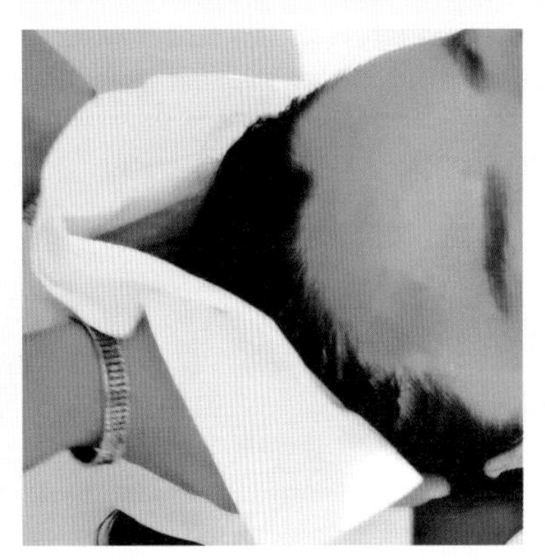

(2) 按照放射式涂抹的方法与顺序，将基础调理剂均匀地涂抹在全部头皮上，用按压的方法按摩头皮约15 min，软化头皮表面的固态油脂与老化角质，调理头皮状态，然后进行冲洗并擦至五成干。

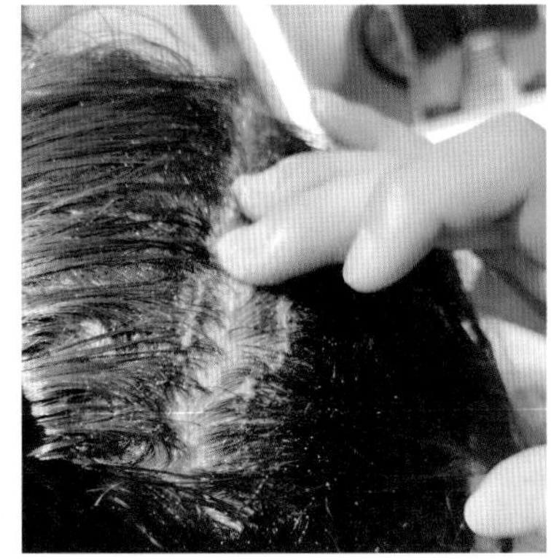

（3）将头发梳理整齐，在头顶中间将头发分开，并利用发夹固定，从前发际线中间开始沿分开的发线在头皮上涂抹防脱发产品。按照放射式涂抹的顺序，依次向左、向右、向后将防脱发产品涂抹在全部头皮上。

（4）用指腹按摩头皮约15 min，以促进头皮充分吸收防脱发产品。然后用温水将防脱发产品彻底冲洗干净，并用毛巾将头发擦至五成干。

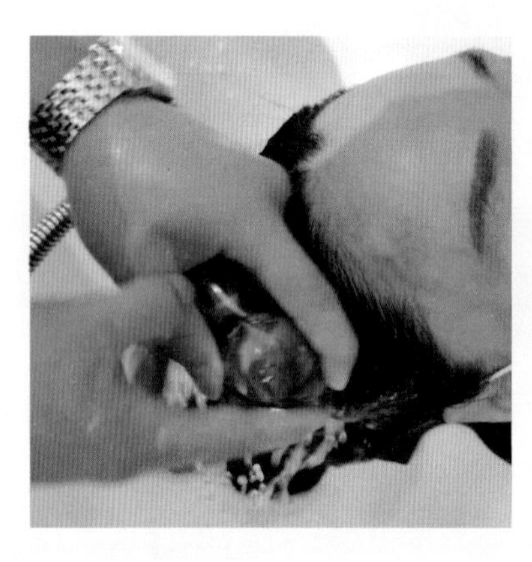

（5）按照放射式涂抹的顺序，在头皮上均匀涂抹头皮平衡液，并进行简单按摩，以巩固护理效果、促进头发再生。最后根据顾客需求进行吹风造型。

三、收尾工作

（1）征求顾客意见，待顾客满意后，引领其结账，并送客。

（2）整理工作环境，保持工具用品与设备清洁，并做到及时归位。

您好，欢迎光临，请问您今天需要什么服务？

前段时间头皮有些过敏，最近掉头发挺严重，做一下头皮检测与护理。

接待人员　好的，请问您有预约吗？

没有。　顾客

接待人员　我先把您的随身物品存一下好吗？

好的。　顾客

接待人员　您的包存在了××号柜子里，这是钥匙，您收好。

好的。　顾客

接待人员　那请您稍等，我马上去帮您安排洗护师，好吗？

好的。　顾客

……

洗护师　您好，我是今天为您服务的洗护师，先帮您穿上客袍，好吗？

好的。　顾客

洗护师　您请坐，我帮您围上毛巾和围布，您感觉松紧度合适吗？

可以。　顾客

洗护师　为了更全面地了解您的头皮健康状况，可以问您几个问题吗？

好的。　顾客

洗护师　您清楚之前头皮过敏的原因吗？

应该是使用劣质发胶引起的，用完后头皮很痒，还有些红肿。　顾客

洗护师　现在头皮还很痒吗？

基本不痒了，但是掉头发很严重。　顾客

洗护师　好的，您的情况我了解了。现在我用头皮检测仪器仔细检查一下您的头皮状况，好吗？

好的。　顾客

洗护师　通过刚才对您头皮的观察与检测，您的头皮过敏症状基本转好，毛囊比较健康，目前脱发应该也是由于之前过敏引起的，但并不严重。接下来我会用“清、调、补、巩”的护理方法为您护理头皮，帮助头皮恢复并预防脱发。

“清、调、补、巩”护理方法是什么意思？　顾客

洗护师：您的头皮偏油性，我会先用去油清爽型洗发水为您清洗头发，然后用温和的基础调理剂对头皮进行调理，再涂抹防脱发产品来补充头皮所需要的营养，最后涂抹头皮平衡液以巩固护理效果，这就是“清、调、补、巩”护理方法的整个流程。

顾客：好的，明白了，那就开始护理吧。

洗护师：好。您这边请，我们先去洗发室清洗头发。

……

洗护师：请慢慢躺在洗发椅上，您这样躺着脖子还舒服吗？

顾客：还行。

洗护师：接下来我们开始“清、调、补、巩”护理流程，好吗？

顾客：好的。

洗护师：您头部有没有哪个部位需要着重揉搓一下吗？

顾客：没有/头顶/后脑勺。

洗护师：接下来的过程中您有什么要求或不舒服的地方，请随时告诉我。

顾客：好的。

……

洗护师：请问您对今天的头皮检测与护理操作还满意吗？

顾客：还行。

洗护师：请问您还有其他需求吗？

顾客：没有了。

洗护师：您请这边结账。

……

洗护师：欢迎下次光临！再见！

顾客：再见。

任务评价

在进行脱发头皮护理的过程中，应按照任务标准认真检查每一项工作内容，并做好记录。

脱发头皮护理任务评价表

项目	标准	评价等级	存在问题与解决方法
准备工作	①工作环境整洁，工具用品齐全	□	
	②个人卫生仪表符合工作要求	□	
服务规范	①服务周到，注重礼仪	□	
	②使用恰当的语言与顾客沟通脱发问题	□	
	③关注顾客感受，及时询问顾客意见	□	
操作标准	①仔细检查头皮，准备判断脱发原因	□	
	②洗发保护措施得当	□	
	③洗发操作规范，清洁效果良好	□	
	④基础调理剂涂抹均匀，并适当按摩	□	
	⑤全面均匀地涂抹防脱发产品	□	
	⑥按摩动作连贯、力度适宜	□	
	⑦头皮平衡液涂抹均匀	□	
收尾工作	①头皮干净清爽，让顾客建立防治脱发的信心	□	
	②顾客感觉舒适，满意度高	□	
	③工作区域恢复整洁，并使工具用品归位	□	

注：关于评价等级，优秀为A，良好为B，达标为C，未达标为D。

知识技能检测

一、填空题

1．头皮是覆盖在颅骨外面的皮肤组织，主要由________、________、________和皮肤附属物构成。

2．通常，健康头皮呈______色，每个毛囊有2～4根头发，毛囊口呈________。

3．__________是指当头皮上自然存在的__________大量繁殖引起头皮角质层过度增生时，老化角质以白色或灰色鳞屑的形式异常脱落形成的头屑，它是一种疾病，医学上称为__________。

4．脂溢性脱发又称________________，是由于遗传、荷尔蒙、年龄等因素引起毛囊出现进行性萎缩或________的病症。

二、判断题

1．毛囊的数量在成年后可以不断增加。（　　）

2．毛囊与皮脂腺相连，头发密度越高的部位皮脂腺的数量越多。（　　）

3．头屑较多，头皮真菌检测为阳性，同时伴有脱发，这种情况称为头皮白癣。（　　）

4．斑秃是一种脂溢性脱发。（　　）

三、选择题

1．头皮会自然分泌一些油脂类物质，所以头皮本身呈（　　）。

A．中性　　B．弱酸性　　C．弱碱性　　D．强碱性

2．（　　）是由异常脱落的老化角质与汗液混合形成的，通常为银白色细屑或片体。

A．生理性头屑　　B．病理性头屑

C．干性头屑　　D．油性头屑

3．由于真菌、寄生虫、病毒等因素造成的脱发称为（　　）。

A．感染性脱发　　B．物理性脱发

C．化学性脱发　　D．脂溢性脱发

趣味知识阅读

这几个头皮护理的说法科学吗？

随着生活节奏加快，人们各种压力也逐渐增大，脱发正在提早发生，并困扰着越来越多的年轻人。鼻子灵敏的商人嗅到了勃勃商机，各种养发馆犹如雨后春笋般出现，并打出高科技的旗号，以毛囊深层清洁、毛囊口疏通、毛囊活化等时尚概念，吸引年轻人消费。下面我们对头皮护理的这几个说法进行辟谣。

1. 毛囊深层清洁

头发是从头皮的毛囊中生长出来的，所以很多养发馆都在宣传毛囊深层清洁的概念，强调毛囊堵塞不仅影响头发的营养吸收，还会导致脱发。其实，这个概念根本不对，毛囊仅靠清洗是无法深入的。

实际上，头发占据了整个毛囊的开口，其周围还有角质化物质遮盖，皮脂腺分泌的油脂也会起到封闭作用。即使是研究脱发的皮肤科医生，若想通过毛囊的毛孔渗入一些药物，也得借助微粒纳米技术，才可能导入少许的药物成分。所以，光靠普通的洗发，又如何能进到毛囊深层进行清洁呢？

2. 毛囊口疏通

有些广告宣称，由于现在大气污染严重，头皮上每天会产生大量污垢堵塞毛囊。其实并没有那么可怕，毛囊有自身的代谢机制。如果头发脱落，皮脂腺的分泌物马上就会把毛囊口封住，但这并不是堵塞，待毛囊进入下一个周期，新生毛干生长出来时，封口就会自行打开，无须专门疏通。

3. 毛囊活化

在各种高科技的养发概念中，利用干细胞或生长因子实现毛囊活化，令很多消费者都信以为真。其实，正常毛囊无须进行活化，它有自己的周期性，头发从毛囊中生长出来，按照“生长期→退化期→休止期→生长期”的顺序不断循环。

所谓毛囊活化，应该是针对雄性激素源性脱发患者的毛囊发生微型化而言的。由于发生微型化的毛囊无法长出毛干，临床上通常采用非那雄胺进行治疗，该药物可以让萎缩的毛囊扩大，使头发重新进入生长期，长出较为粗壮的毛干，但药物停用后，脱发症状就会再次出现。所以，药物都不能使休眠的毛囊彻底活化，简单的洗发更不可能使毛囊活化。

因此，当出现脱发问题时，切不可胡乱相信这些营销概念，应尽早到正规机构寻找专业的帮助，找出脱发原因，以便对症下药。

参考文献

[1] 张玲，张大奎．洗发、头发护理、染发［M］．北京：高等教育出版社，2016．

[2] 梁栋，杨志华．头发洗护技术［M］．北京：北京理工大学出版社，2014．

[3] 周京红．洗护发技术［M］．北京：高等教育出版社，2017．

[4] 任健旭．美发店流程管理与制胜细节［M］．沈阳：辽宁科学技术出版社，2009．

[5] 姜南飞．美发与形象设计．初级美发．上［M］．镇江：江苏大学出版社，2020．

[6] 中国就业培训技术指导中心．美发师：基础知识［M］．2版．北京：中国劳动社会保障出版社，2012．